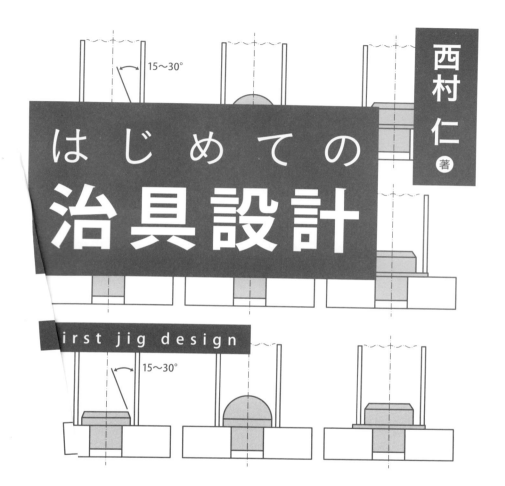

はじめての治具設計

First jig design

西村 仁 著

日刊工業新聞社

はじめに ••••••••••••••••••••••••••••••••

● 楽に作業するために

　突然ですが「いま読んでいるこの本を、机の左から100 mm、手前から70 mmの位置に置いてください」といわれたら、けっこう手間取ると思います。定規をもってきて寸法通りに置こうとしても、正確に置くのは難しいものです。数ミリは簡単にずれてしまうし、傾きも出てしまいます。

　次に「この作業を50回繰り返してください」となれば、もっと楽に作業できないだろうか、と考えます。まずは、100 mmと70 mmの位置に線を引くことでしょうか。そうすれば、線に合わせて置けば良いので、定規を使う面倒な作業はなくなります。しかし、毎回微妙なズレと傾きは出てきそうです。

　では、もっと良い方法はないでしょうか。そこで、L形状の当たり部品を所定の位置に貼り付けておき、Lの内側二辺に当てることで、毎回同じところに置くことができます。この方法であれば、経験のないはじめての人でも、バラツキなく短時間で置くことができます。このL形状の部品が治具になります。

　治具の狙いをひと言でいえば、「楽に作業するため」です。楽に作業できれば「品質が上がり」「早く作業ができて」「安くつくれる」のです。それでいて、機械のように何百万円も何千万円もせず、数千円や数万円のレベルでつくることができます。これほどおいしい改善ネタは、他にはなかなか見つかりません。

● 本書の対象と特徴

　本書は、治具をはじめて設計する方や、基礎をきちんと学んでみたいと思っている方を対象にしています。そのために以下の点を心掛けました。

　①専門用語を避けて、工学の知識がなくても理解できるように解説

　②イメージしやすいように、できる限り図表を用いて紹介

　③実務上必要のない力学の計算式は省略

　④市販品については、おおよその価格を参考情報として記載

● 治具設計に必要な2つの知識

　治具を設計する上で必要な知識は「メカ設計の知識」と「作業設計の知識」の二本柱です。機械の設計には、前者のメカ設計の知識だけで良いのですが、治具を使う主体は人なので、楽にできる作業性がとても大事です。これが作業設計になります。メカ設計と作業設計の習得を本書の目標とします。

● 本書の構成

　第1章は、治具の狙いとモノづくりの自動化レベルについて紹介します。第2章と第3章は、治具の基本要素である「位置決め」と「固定」の具体的な方法を解説します。第4章はねじの基本知識と使用方法を、第5章は運動を支えるベアリングなどの案内部品と、品質を確認する測定器を紹介します。

　第6章は作業性と段取り性を向上させるための視点を、最後の第7章は治具設計を進める上でのコツと、効率良く設計するための標準化について解説します（**図0.1**）。

図0.1　本書の構成

はじめての治具設計
目次

CONTENTS

はじめに ……………………………………………………………… 01

第1章 治具を導入する狙い

1.1 治具とは ………………………………………………………… 08

1.2 治具の効果と基本要素……………………………………………… 10

第2章 位置決め方法

2.1 位置決めの基本 ……………………………………………… 16

2.2 角形状の端面基準「面当たり方式」の位置決め ………… 25

2.3 角形状の端面基準「ピン当たり方式」の位置決め ……… 31

2.4 角形状の端面基準「調整方式」の位置決め ……………… 35

2.5 角形状の穴基準「丸ピン方式とダイヤピン方式」の
    位置決め ……………………………………………………… 37

2.6 角形状の穴基準「長穴方式とダボ方式」の位置決め…… 45

2.7 角形状の底面基準の位置決め ……………………………… 47

2.8 丸形状の位置決め ………………………………………… 49

3

第3章 固定方法

3.1	固定の基本 ……………………………………………………… 54
3.2	市販の固定具 …………………………………………………… 57
3.3	丸形状の固定方法 ……………………………………………… 68
3.4	固定の機構 ……………………………………………………… 73
3.5	真空吸引による固定 …………………………………………… 77

第4章 ねじの活用

4.1	ねじの基礎知識 ………………………………………………… 82
4.2	メートルねじ …………………………………………………… 85
4.3	ねじとボルトの種類 …………………………………………… 90
4.4	ねじの選び方 …………………………………………………… 96
4.5	ねじ関連の知識 ………………………………………………… 100

第5章 運動の案内と測定器

5.1	平面運動の案内部品 …………………………………………… 108
5.2	往復直線運動の案内部品 ……………………………………… 110
5.3	回転運動の案内部品 …………………………………………… 113
5.4	治具に便利な機械要素部品 …………………………………… 117
5.5	測定の基礎 ……………………………………………………… 120
5.6	直接測定の測定器 ……………………………………………… 122
5.7	間接測定の測定器 ……………………………………………… 127
5.8	その他の測定器 ………………………………………………… 131

第6章 作業性と段取り性

6.1 効率の良い作業手順と作業環境 ·················136
6.2 作業性の良い治具構造とミスを防ぐポカヨケ ··········142
6.3 段取り改善 ························145

第7章 設計のコツ

7.1 頑丈な設計のコツ ·····················150
7.2 材料の重さと熱による影響 ················154
7.3 はめあい公差のコツ ···················156
7.4 標準化を進めるコツ ···················158

おわりに ····························166

コラム

❀ 治具改善の進め方 ······················ 14
❀ 費用対効果の試算方法 ···················· 80
❀ アイデアはアナログで考える ···············134

5

第1章

治具を導入する狙い

1.1 治具とは

❋ 治具の定義

「治具」の正式な定義はなく、昔の書籍を見ると、「加工に使用する工具と工作物の位置決め及び固定をおこなう器具の総称」となっています。

しかし現在では加工に限らず、組立て・調整・検査といったあらゆる分野で、工具・工作物・市販品など広く「位置決め」と「固定」をおこなう総称として使われています。この位置決めと固定は、モノづくりのすべての作業に共通した要素です。

❋ 治具の名称

昔の現場では「やとい」でしたが、現在は「治具（じぐ）」と呼ばれています。治具の語源は、英語で加工における工具の位置決めと固定を意味する「jig」の当て字です。カタカナで「ジグ」や「治工具」と表記されることもありますが、本書では一般的に使用されている「治具」を用います。

❋ 身近にある治具

紙の上に引かれた直線に沿って紙を切る作業を考えてみましょう。まず思いつくのは「はさみ」で切る方法です。しかし線が長いと、微妙にずれてしまいます。まっすぐ直線に切る作業は思っている以上に難しいものです。

次にカッターナイフと定規を使う方法で試してみます。定規を当てることで直線は出やすくなるものの、定規自体が線からずれるとカット位置もずれてしまいます。また、カッター刃の角度を一定にしてカットするコツも必要です。

そこで便利なモノが裁断機です。カット刃は台にセットされており、台に紙の位置を決める「当たり」があるので、カット位置がきっちりと決まります。

またカット刃の角度はいつも一定で、テコの原理を使うことにより、複数枚を軽い力で切ることができる構造です。

これらの例では、「定規」や「裁断機」が治具になります（**図1.1**）。特に裁断機は工具も組み込まれた優れた治具の一例です。

	工具	治具	カット品質	カットスピード	1回当たりのカット枚数	工具と治具の購入コスト
手作業	はさみ	（なし）	△	△	△	◎
治具化	カッターナイフ	定規	○	○	○	○
	裁断機		◎	◎	◎	△

◎大変優れる　○優れる　△普通

図1.1　紙を切る手作業と治具化の例

✲ 治具で何を狙うのか

業種を問わず**モノづくり現場の使命は、QCDすなわち「製造品質」「製造原価」「生産期間」を高める**ことです。これらをひと言でいえば、製造品質は「図面通りにつくる」こと、製造原価は「1円でも安くつくる」こと、生産期間は「あっという間につくる」ことです（**図1.2**）。この**達成手段の1つが治具**です。

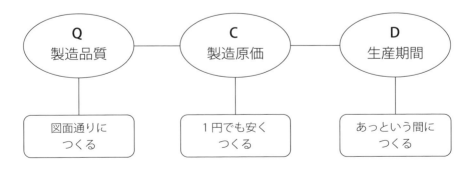

図1.2　モノづくり現場の使命

1.2 治具の効果と基本要素

❋ 治具導入のメリット

治具を導入することによるメリットを挙げてみましょう。

①特別なスキルを必要としない（教育訓練の最小化）

②バラツキが少なく同じモノをつくることができる（品質改善）

③作業時間が短縮できる（生産期間の短縮）

④製造原価も下がる（労務費の削減）

⑤設計も製作期間も短いので早期に工程導入できる（開発期間の最小化）

⑥治具の製作コストは安い（減価償却費の削減）

⑦段取り時間が短い（多品種対応）

⑧製品変更への対応が容易（改造期間の最小化）

⑨安全性が向上する（リスク回避）

⑩機械よりも小サイズ（省スペース）

❋ 汎用治具と専用治具

　広く共通して使用できる治具は「汎用治具」として、さまざまな種類が市販されています。たとえば旋盤の三つ爪チャックやコレットチャックは丸形状部品の位置決めと固定をおこなう優れた治具です。

　この他にもバイスやイケール（高い直角度をもったL型部品）、またワンタッチで固定できるトグルクランプなどがあります。こうした市販品は自分で設計するよりも「品質が良く」「安くて」「すぐに入手できる」ので、積極的に活用することが有効です。

　一方、個別につくる必要があるものは「専用治具」になります。市販されていないので、対象物に合わせてオリジナルで設計・製作します。

✻ 治具に必要な機能

治具に必要な4つの機能を確認しておきましょう（図1.3）。

1) 対象物の位置決め

　加工・組立て・調整・検査において、対象物の位置が決まらなければ作業ができません。位置決めは作業の基本になります。

2) 対象物の固定（クランプ）

　作業中も定められた位置を維持しなければなりません。そのために固定をおこないます。固定は「クランプ」ともいいます。

3) 迅速・確実・容易な操作性

　使用する上で特別なスキルが必要であったり、毎回バラツキが生じたり、作業に時間を要するようでは、前述したQCDを達成できません。そこで、迅速で確実、容易な操作性が必要になります。

4) 加工では切りくずへの備え

　加工は「よく切れる」「きれいに打ち抜ける」といった加工性が重要ですが、それと同じレベルで切りくずの排出が大切です。切りくずや打ち抜いたカスがうまく排出されなければ、加工精度の悪化やキズの原因、また工具の寿命にも悪影響を及ぼすからです。

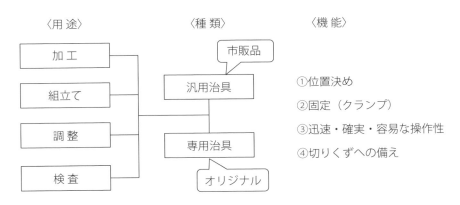

図1.3　治具の用途・種類・機能

❉ 4つの自動化レベル

モノづくりのステップを、4つの自動化レベルで見ておきましょう（図1.4）。

1) 手作業

　工具と対象物のみで、手だけで作業をおこないます。そのために加工者の腕の良し悪しで、品質や作業時間に大きなバラツキが生じます。

2) 治具化

　位置決めと固定を簡単におこなえる治具を用いることで、一定の教育訓練を受ければ、誰もが同じ品質と同じ時間で作業することが可能になります。

3) 半自動化

　対象物の取り入れと取り出しは人がおこない、付加価値を生む作業は自動でおこないます。1台につき1人の作業者がつくので「半自動化」といいます。自動化することで加工の品質が安定する点と、取り入れと取り出しで毎回目視検査をおこなうことにより品質が高まります。

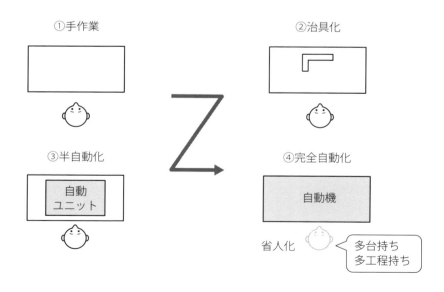

図 1.4　4つの自動化レベル

4）完全自動化

　一定量の材料や半製品を投入すれば、あとは自動で作業をおこないます。そのため、作業者は複数台数を担当する「多台持ち」や、他の作業を掛け持ちする「多工程持ち」が可能になります。

❈ どのモノづくりレベルを目指すのか

　以上の4つのレベルにおいて、自動化が進んでいることが好ましいわけではありません。特に完全自動化は開発期間が長い上に投資コストも大きいので、生産する数量が多くなければ費用を回収できません。また対象物の設計に変更が生じた場合の改造にも、相応の時間とコストがかかります。

　一方、**治具化と半自動化は、開発期間が短い上に投資コストも少なく、製品の仕様変更や多品種に対してもタイムリーに対応できるのが利点**です。

　これらのことを踏まえて、最適なモノづくりのレベルは適宜判断します。なお、どのレベルでのモノづくりでも「位置決め」と「固定」は共通の機能なので、治具設計の知識を身に付ければ、半自動化や完全自動化の開発にも有効に活かすことができます（図1.5）。

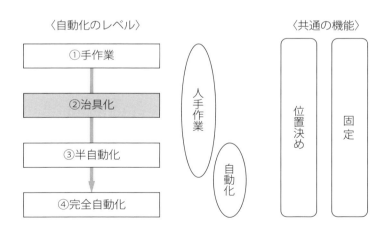

図 1.5　自動化のレベルと共通機能

コラム 治具改善の進め方

　治具は「手段」であって「目的」ではありません。何のために治具を導入するのかを明らかにして、設計を進めてください。ときおり「治具を使って何を改善すればいいかわからない」といった根幹の質問を受けることがあります。

　この際の切り口は、第1章で紹介した「製造品質」「製造原価」「生産期間」ですが、難しく感じるならば「いま現場で困っていること」「もっと楽になればいいと思っていること」「危険に感じていること」の3つをテーマに、現場作業者と一緒に洗い出すことをお奨めします。このとき、解決の難しさを問わず、すべて書き出すのがポイントです。10〜20項目はすぐにでてくると思います。

　この中から治具によって解決できる項目を検討します。見つかれば、次は優先度付けです。大きな効果が見込める順番でも良いし、導入できるスピードの優先度でもOKです。

　1つ導入して「作業が楽になる」ことがわかれば、現場作業者の意識もさらに前向きになり、現場の問題点抽出や改善策の提案も期待できます。

　「機械設計」では、トコトン机上で検討することが必須です。完成した後からの改造は相当に難しいからです。一方、「治具設計」では、人が主体となる作業なので、やってみなければわからないことが多くあります。たとえば穴にピンを入れる作業において、穴は傾けた方が作業しやすいのか、その際には何度の傾きが最適なのかは机上で考えても答えはでません。

　だからこそすぐに実践です。やってみれば答えはすぐにでます。うまくいかなければ、元に戻せば良いだけです。なぜダメだったのか、その原因がわかることが大きな前進です。

　治具設計は、考えたらすぐに実行しましょう。ぜひスピード重視で進めてください。

第2章

位置決め方法

2.1 位置決めの基本

❋「位置が決まる」とは

「位置を決める」や「位置決め」といった表現は、設計でも製造現場でも一般的によく使われています。それでは、どうなれば「位置が決まった」といえるのでしょうか。この点を深掘りして見ていきましょう。

ある空間内で位置を決めるとき、まず前後・左右・上下合わせて3方向のどこに固定させたいかを決める必要があります。しかし、この3つだけでは位置は決まりません。それは回転が伴うからです。たとえば図2.1の (a) のように前後を決めても、同図 (b) のように自由に回転することができます。

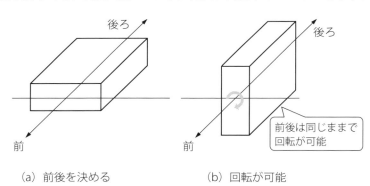

(a) 前後を決める　　　　　　(b) 回転が可能

図2.1　移動と回転

❋6つの動きを決める

すなわち**前後・左右・上下の3つの「移動」に3つの「回転」を加えて、6つの動きを決めることで「位置が決まる」**ことになります。これを図示するために、原点をO、前後をX軸、左右をY軸、上下をZ軸とすると、

第 2 章 位置決め方法

①軸 OX に沿う移動（前後方向）
②軸 OY に沿う移動（左右方向）
③軸 OZ に沿う移動（上下方向）
④軸 OX 中心の回転（前から見た回転）
⑤軸 OY 中心の回転（横から見た回転）
⑥軸 OZ 中心の回転（上から見た回転）

以上6つの動きが決まって、はじめて位置が決まるのです（**図 2.2**）。逆に位置が決まらない場合には、この6つの中のどれかが決まっていないことになります。

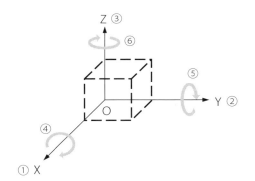

図 2.2　3つの移動と3つの回転

✻ 角形状の位置決め

それでは、角形状の位置決め手順を見ていきましょう。

1）まず3点で保持

　これにより前述の「③軸 OZ に沿う移動」「④軸 OX 中心の回転」「⑤軸 OY 中心の回転」が決まります（**図 2.3**の**(a)**）。

2）次に2点で保持

　「②軸 OY に沿う移動」「⑥軸 OZ 中心の回転」が決まります（同図**(b)**）。

3）最後に1点で保持

　「①軸 OX に沿う移動」が決まり、6つすべてが決まることで位置決めが完了します（同図**(c)**）。

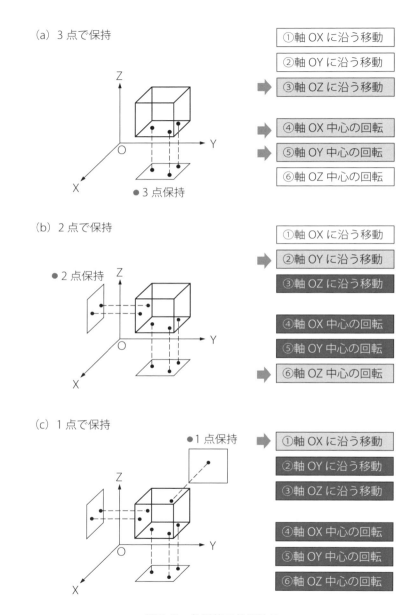

図2.3　角形状の位置決め

❋ 角形状の位置決めは「3・2・1の法則」

先の項で**保持する箇所が3点→2点→1点の順になっています。これが位置決めの基本「3・2・1の法則」**です（図2.4の（a））。すなわち、これより多くても少なくても位置が決まりません。

たとえば最初の3点が4点だった場合を考えてみましょう。まず対象物を受ける治具の4点が完全な同一平面になることはありえません。これは加工精度に多少なりともバラツキが生じるからです。

また位置決めする対象物も同じく、位置を決める面が完全平面ではありえません。そのため4点で受ける構造でも、実際に接触するのは3点だけで、残りの1点は接触せずにスキマのある状態になります。このとき接触する3点は、同図（b）において、あるときは△ABC、あるときは△BCD、△CDA、△DABになります。すなわち基準が毎回異なるので、これでは位置が決まらないわけです。もしも毎回△ABCで接触するならば問題ありませんが、そうするとD点は不要となり、すなわち3点保持になります。

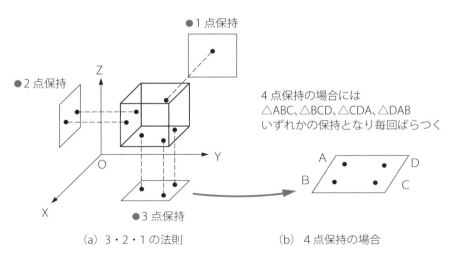

(a) 3・2・1の法則　　　　(b) 4点保持の場合

図2.4　3・2・1の法則

❋「3・2・1の法則」の身近な例

わかりやすい例は、カメラを固定する三脚です。三脚はカメラの位置を決めて固定するので、まさに治具そのものです。三脚の足は3本です。4本足の四脚は売られていません。もしあったとしたら、4本を地面に同時にピタリと接地させることは至難の技です。

一方、1本足の一脚は市販されています。なぜ1本足で位置が決まるのでしょうか。それは一脚に固定したカメラを、人がしっかりつかみます。すると一脚の1本と、人の2本足を足して3本になるので位置が決まるのです。

以上が「3・2・1の法則」の3の理由です。次の2と1も同じ理由で、2点が3点になるとこのうちの1点は必ずスキマが生じます。最後の1点も2点になると同じくどちらか1点にはスキマが生じて位置が定まりません。

❋ なぜ平面で保持するのか

この「3・2・1の法則」に従えば、位置決めする際の底面は3点で保持しなければならないのに、実際にはほとんどが平面で受けているのはなぜでしょうか。それは3点で受ける構造に対して平面で受ける構造は、位置決めの精度が劣る反面、設計も製作も簡単で低コストなためです。

すなわち平面で受けるのは以下の場合です。

①高精度な位置決めを必要としない場合

②安定性を必要とする場合

③大きな力を受ける場合

④対象物の剛性が低くてたわみやすい場合

❋ 机が4本足の理由

机や椅子も、足の数が3点でなく4点なのはなぜでしょうか。これは前述の理由で、高精度な位置決めは必要なく、大きな力がかかっても安定性をもたせるためです。机が3点保持だと、机の角に体重をかけると倒れてしまいます。椅子も少し重心がずれるだけでひっくり返ってしまいます。そのために4本の

第 2 章 位置決め方法

必要があるわけです。また4点とも床に接地しているのは、机や椅子の剛性が低くて、たわんでいるからに他なりません。

❈ 丸形状の位置決め｜横向き
次に丸形状の位置決めを考えてみましょう。まずは横向きの位置決めです。
1）まずVブロックで保持

　横向きでは転がってしまうので、V形状のVブロックで受けます。これにより前述の「②軸OYに沿う移動」「③軸OZに沿う移動」「⑤軸OY中心の回転」「⑥軸OZ中心の回転」が決まります（図2.5の（a））。
2）次に1点で保持

　これにより「①軸OXに沿う移動」が決まります（同図（b））。
3）最後に締め付けかキーによる固定

　最後に残った「④軸OX中心の回転」を決める方法として、締め付けによる摩擦力で回転を防ぐか、もしくはキーを使って物理的に回転を防ぎます（同図（c））。回転防止のキーについては、次の第3章で解説します。

❈ 丸形状の位置決め｜縦向き
次に丸形状の縦向きの位置決めについて解説します。
1）まず3点で保持

　これにより角形状と同じく「③軸OZに沿う移動」「④軸OX中心の回転」「⑤軸OY中心の回転」が決まります（図2.6の（a））。
2）次に2点で保持

　側面を2点で保持することで「①軸OXに沿う移動」と同時に「②軸OYに沿う移動」が決まります（同図（b））。
3）最後に締め付けかキーによる固定

　最後に残った「⑥軸OZ中心の回転」を決める方法として、締め付けによる摩擦力やキー構造で回転を防ぎます（同図（c））。

(a) Vブロックで保持

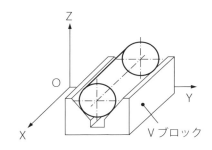

①軸 OX に沿う移動
②軸 OY に沿う移動
③軸 OZ に沿う移動

④軸 OX 中心の回転
⑤軸 OY 中心の回転
⑥軸 OZ 中心の回転

(b) 1点で保持

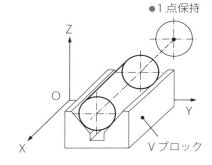

①軸 OX に沿う移動
②軸 OY に沿う移動
③軸 OZ に沿う移動

④軸 OX 中心の回転
⑤軸 OY 中心の回転
⑥軸 OZ 中心の回転

(c) 締め付けやキーで固定

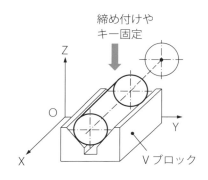

①軸 OX に沿う移動
②軸 OY に沿う移動
③軸 OZ に沿う移動

④軸 OX 中心の回転
⑤軸 OY 中心の回転
⑥軸 OZ 中心の回転

図2.5　丸形状・横向きの位置決め

第 2 章 位置決め方法

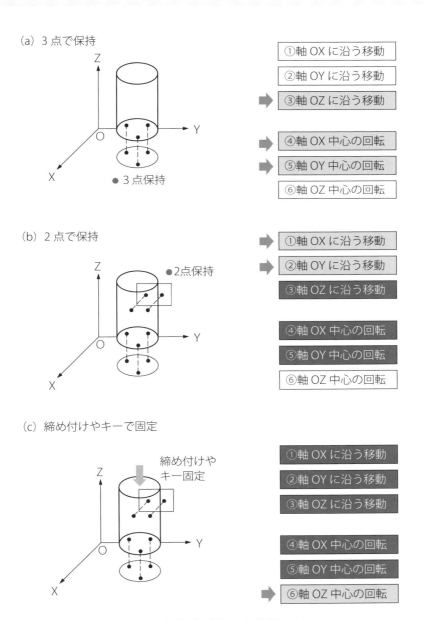

図 2.6 丸形状・縦向きの位置決め

✹ 簡易位置決め

ここまで角形状と丸形状の位置決めを見てきました。しかしこれらの移動と回転の6つの動きを、毎回すべて決めるわけではありません。決める必要のない動きがあるならば、手間とコストをかける意味はないからです。

たとえば**図2.7**において破線部を切削する場合、工具は余裕をもった移動量があるので、**(a)** の「①軸OXに沿う移動」や、**(b)** の「①軸OXに沿う移動」「②軸OYに沿う移動」「⑥軸OZ中心の回転」の正確な位置決めは必要ありません。

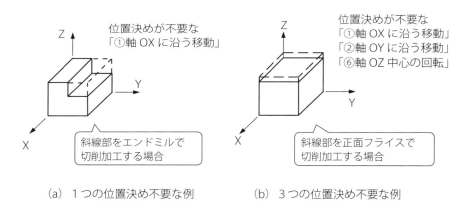

(a) 1つの位置決め不要な例　　(b) 3つの位置決め不要な例

図2.7　簡易位置決め

2.2 角形状の端面基準「面当たり方式」の位置決め

❉ 角形状の位置決め全体像

ここからは角形状の具体的な位置決め方法について、「端面基準」「穴基準」「底面基準」の順に10通りの方式を紹介します（**図2.8**）。ここでは「3・2・1の法則」の3点保持ではなく、一般的な平面保持として紹介します。

形 状	基 準	方 式
角形状	端面基準	❶面当たり方式 ❷ピン当たり方式 ❸調整方式
	穴基準	❹丸ピン方式 ❺ダイヤピン方式 ❻長穴方式 ❼ダボ方式
	底面基準	❽面当たり方式 ❾ピン当たり方式 ❿平衡方式

図2.8　角形状の位置決め方法

❉ 端面基準の位置決め

まず対象物の端面を基準とする位置決め方法として「❶面当たり方式」「❷ピン当たり方式」「❸調整方式」を紹介します（**図2.9**）。

前後方向で前を基準とするのか後ろを基準とするのか、また左右方向で左と右のどちらを基準にするのかは、対象物自体の基準面に合わせます。ここでは後ろ基準と左基準の例で紹介します。

図2.9 角形状の「端面基準」

❋ 面当たり方式の一体型

前後・左右を面で当てる方式です。**面を当たりにするので、「3・2・1の法則」の視点で見れば、ゆるい位置決め**になります。当たりの2辺は実際には2点と1点で接触し、毎回その接触点が変わるからです。

ここでは当たり面が一体となった「一体型」と、当たり部品を平面受け部品にねじで固定する「分離型」にわけて紹介します（**図2.10**）。

一体型の特徴は、組み立てと調整が不要な点です。位置決めの精度は、部品の加工精度で決まることになります。弱点は、当たり面が摩耗した場合には、つくり直さなければならないケースが発生する点です。

❋ 一体型の隅部の逃げ加工

通常、一体型の加工はフライス盤やマシニングセンタでおこないます。そのため前後・左右の当たり面が交差する隅部には工具のエンドミルの半径Rがつきます（**図2.11**の（a））。位置決め対象物の角が尖っていると、この隅部の半径に干渉してしまうため、その場合には同図（b）や（c）のように隅部に逃げ加工をおこないます。このときの逃げ寸法はエンドミルの直径寸法になるので、できるだけ寸法を大きくとった上で「以下」をつけることにより、加工者のエンドミル径選択の余裕度をもたせます。

第 2 章 位置決め方法

(a) 一体型

(b) 分離型

〈上面取り付けタイプ〉　　〈側面取り付けタイプ〉

図 2.10　面当たり方式の「一体型」と「分離型」

(a) エンドミルによる加工

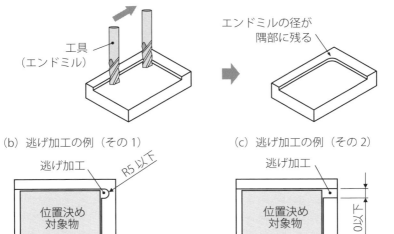

(b) 逃げ加工の例（その 1）　　(c) 逃げ加工の例（その 2）

〈逃げ加工のポイント〉
①逃げ寸法をできるだけ大きく取る
②「以下」をつけることで、エンドミル径の選択肢を広げる

図 2.11　一体型の隅部の逃げ加工

27

❋ 面当たり方式の分離型

次に当たり面を別部品としてねじで固定する方式を紹介します。当たり部品を上面に取り付けるタイプと、側面に取り付けるタイプがあります（図2.10の(b)）。上面取り付けの場合、対象物を受ける着座面に90°の基準となる曲尺（かねじゃく）やスコヤを置いて、これに合わせて当たり部品をねじ固定します。当たり部品を側面に取り付ける場合は、直角を出す調整は必要ない一方、位置決め精度は平面受け部品の加工精度で決まります。

❋ テーパピンの活用

上面取り付けの場合には、当たり部品の位置が確定したら、側面に傾斜のついた「テーパピン」を打つと効果的です（図2.12）。ねじ固定だけでは、何度も力が加わることで当たり部品がずれるリスクがあります。また清掃などで一旦ねじをはずすと、位置を再現するのに多くの時間を必要とします。

そこで、当たり部品の位置が決まったら、ねじ固定したままで、上から当たり部品と平面受け部品を同時にドリルで下穴加工した後に、精度良く穴加工ができるテーパリーマで仕上げて、テーパピンを差し込みます。これにより力は

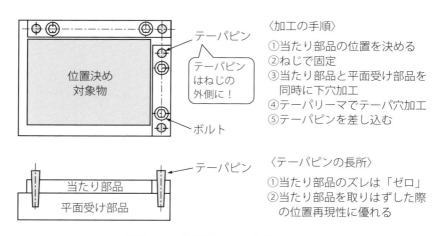

図2.12　分離型のテーパピン使用例

テーパピンで受けることができるので、当たり部品のズレを「ゼロ」にできます。
　また当たり部品を取りはずした際にも、先にテーパピンを差し込むことで、簡単に位置を再現することができます。

❄ テーパピンを使う理由
　このとき、ストレートピンでなくテーパピンを使うのがポイントです。ストレートピンを使って精度を出すには、「しまりばめ(圧入)」にしなければなりません。しまりばめは、穴よりピンの方が太いはめあいのことで、プラスチックハンマで軽く叩いて挿入します。そのため、取りはずす際にも打って抜かねばなりません。それに対してテーパピンの場合は、穴もピンもテーパ形状なのでスキマをゼロにできる上に、はずす際も軽い力で簡単に抜けるので便利です。

❄ 面当たり方式の作業手順
　面当たりでは一体型でも分離型でも、当てる順番を決めることが必要です。それは前後・左右が完全な直角ではないために、前後と左右の優先度を決めることで位置決め精度を高めます。すなわち前述した「3・2・1の法則」でどちらの面を2に、どちらの面を1にするかを決めることです。通常は作業性も考慮して、長手方向を先に決めて、その後に短手方向を決めます（図2.13）。

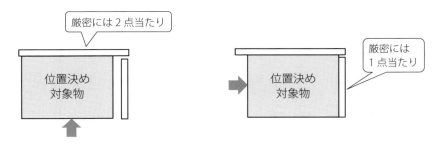

図2.13　作業手順の明確化

✴ 異物対策の逃げ加工

　糸ゴミやホコリといった異物付着があると、位置決め精度に影響します。そこで、高い位置決め精度が必要な場合には、逃げ加工をおこなうことで、異物付着の影響をできる限り回避します。

　逃げ加工の箇所は、前後・左右の当たり面の一部や、異物は隅に付着する傾向があるので、隅に逃げ加工をおこないます（**図2.14**の（**a**）と（**b**））。

　上面取り付けタイプでは同図（**c**）のように当たり部品にＣ面取り加工を、側面取り付けタイプでは同図（**d**）のように平面受け部品にＣ面取り加工をおこないます。なお着座面の逃げ加工の例は、後の底面基準の中で紹介します（後述の図2.32）。

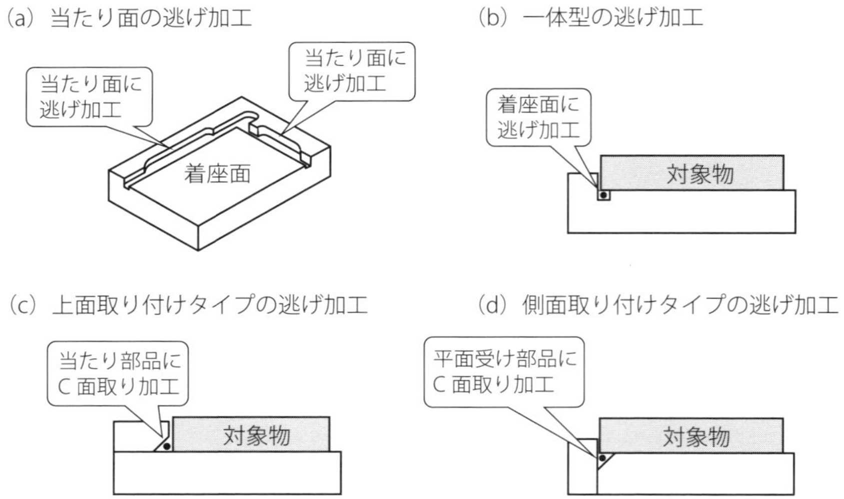

（a）当たり面の逃げ加工

当たり面に
逃げ加工

当たり面に
逃げ加工

着座面

（b）一体型の逃げ加工

着座面に
逃げ加工

対象物

（c）上面取り付けタイプの逃げ加工

当たり部品に
Ｃ面取り加工

対象物

（d）側面取り付けタイプの逃げ加工

平面受け部品に
Ｃ面取り加工

対象物

図2.14　異物対策の逃げ加工

2.3 角形状の端面基準「ピン当たり方式」の位置決め

✳︎ ピン当たり方式

　平面受け部品に立てたピンに当てることで位置を決める方式です。**長手方向に2本、短手方向に1本のピンを立てることで、「3・2・1の法則」に従っています**（図2.15）。また点で接触するので、糸ゴミといった異物への影響を受けにくい構造で、掃除もしやすいことが利点です。

　このピンは市販の「平行ピン(ストレートピン)」を用います。飛び出し量は必要以上に長くしないことがポイントです。ピンを挿入する穴は完全な直角ではないので、ピンが長くなるほど穴の傾きが増幅されてピン倒れにつながるからです。また極端に長いと、何度も当てている間に曲がりが生じるリスクもあります。目安としては、ピン径と飛び出し量は同じ寸法にします。ピン径は対象物の大きさと重さにより判断しますが、一般的には φ3〜4 mm で検討します。

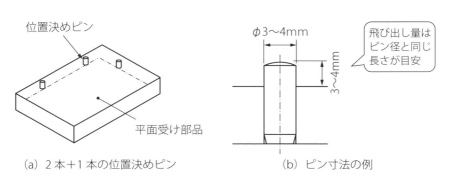

(a) 2本＋1本の位置決めピン　　　(b) ピン寸法の例

図2.15　ピン当たり方式

❋ 抜け穴を加工する

　平行ピンを挿入する穴が貫通穴でない場合には、小さめの抜け穴が必要です（図2.16の (a)）。この穴がないと、ピンの挿入時に穴の中の空気が閉じ込められることで、ピンが最後まで入らず若干浮いてしまいます。

　またピンを抜く必要が生じたときに、抜け穴がなければピンの先端を工具でつかんで抜くしかなく、ピンの表面にキズが入るリスクがあります。抜け穴があれば、裏面から押すことで容易に抜くことができます。

　抜け穴を加工することが難しい場合には、ピンの中心に空気の逃げ穴があいたものや、抜きやすいようにねじ加工したものもあります（同図 (b)）。ねじ仕様のピン外径はϕ5 mm以上になります。

　またピンの外周に面加工をおこなうことで空気を逃がすエアベントを設けたものも市販されています（後述の図2.22の (c)）。

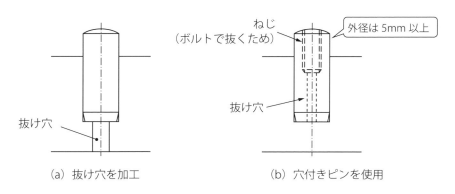

図2.16　空気の抜け穴

❋ ピン当たりの短所

　メリットの多いピン当たり方式ですが、弱点もあります。位置を決める対象物が搬送パレットのように何度も繰り返し使用する場合には、毎回パレットの同じ箇所にピンが当たるために、凹みの生じるリスクがあります（図2.17）。

　凹みにより線接触から面接触に変わるので、一定の凹み量で安定しますが、

当初の位置からずれてしまいます。こうした場合にはパレット材質を検討するか、面当たり方式の採用を検討します。

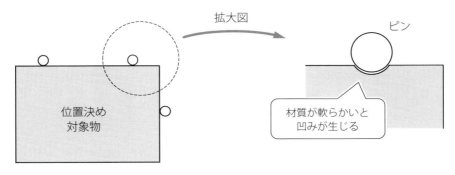

図2.17　ピンによる凹変形

❋ ピンの圧入公差

ピンを固定するには、しまりばめ（圧入）で挿入します。このはめあい公差は、穴径は「H7」でピン径は「r6」の軽いはめあいがお奨めです。もう一段ゆるいはめあいはピン径公差が「p6」になりますが、「H7」と「p6」のはめあいでは、穴と軸の径が同一となりマイクロメートルの次元（小数点以下3桁）でスキマがゼロの可能性が出てきます。スキマがゼロのはめあいを「ゼロゼロ勘合」や「ゼロクリアランス」といいますが、このはめあいはピンが抜けるリスクが高いので避けた方が無難です。

❋ ゆるい位置決め

位置決め精度がゆるくても良い場合には、当たりにする必要はなく、**図2.18**のように4辺で囲うだけの位置決めも可能です。このとき回転を抑制するために、できるだけ外周の四隅近くを当たり位置にします。

また対象物の出し入れの作業性を良くするために、1辺を空けて3辺で囲うことも一手です。

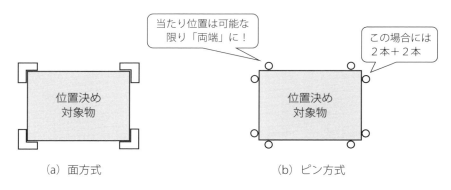

図 2.18　ゆるい位置決め

2.4 角形状の端面基準「調整方式」の位置決め

❖ スペーサによる調整方式

位置決めしたい対象物の外形寸法がばらつく場合や品種が変わる場合には、当たり位置を現物に合わせざるを得ません。このとき便利な方法は「スペーサ」を用いる方法です（**図2.19**）。数種類のスペーサを用意しておき、現物の寸法に合わせてスペーサを交換することで対応します。間違ったスペーサを使わないように、スペーサに色付けしたり、テプラで印字するなどの工夫をします。

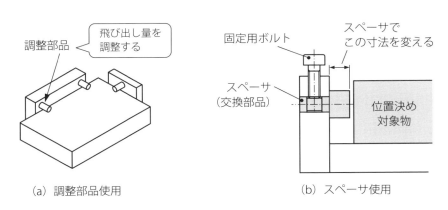

図 2.19　スペーサによる調整

❖ ねじによる調整方式

対象物の寸法バラツキが大きい場合や品種の数が多い場合に、前述のスペーサでは用意する数が膨大になり、現実的ではありません。その場合にはねじで調整をおこないます（**図2.20**の **(a)**）。

ねじはピッチの大きな「並目ねじ」ではなく、ピッチの小さな「細目ねじ」が便利です。ピッチはねじの山と山との間隔のことですが、「1回転させたときに進む量」と理解しておくと便利です。

　たとえば、M5ねじの並目ねじのピッチは「0.8 mm」で、細目ねじのピッチは「0.5 mm」です。すなわち1回転させたとき、並目ねじは0.8 mm進み、細目ねじは0.5 mm進むので、微調整したいときには、細目ねじを使う方が効果的です。ねじの詳細は第4章で詳しく解説します。

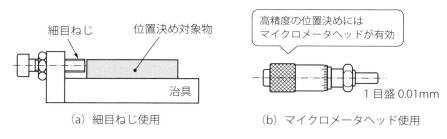

(a) 細目ねじ使用　　　　　　　(b) マイクロメータヘッド使用

図2.20　ねじやマイクロメータヘッドによる調整

✹ マイクロメータヘッドによる調整方式

　たとえばM5の細目ねじ（ピッチ0.5 mm）を使って0.1 mmの調整をおこなうとすると、セットした「ダイヤルゲージ」（第5章の図5.26）を見ながら、ねじを約4分の1回転させれば良いのですが、実際にやってみるとねじのガタもあり、手間取ります。このような精密な位置決めには、ねじの代わりに「マイクロメータヘッド」を使うことをお奨めします（図2.20の **(b)**）。

　測定器のマイクロメータのアーム部を外した測定部だけが、マイクロメータヘッドとして市販されています。0.01 mm刻みの目盛りが付いておりガタもなく精密に動かすことができるので、ダイヤルゲージを使う必要もなく短時間で位置を決めることができます。5千〜7千円と手ごろな価格なので費用対効果に優れます。この試算方法は第3章のコラムで紹介します。

2.5 角形状の穴基準「丸ピン方式とダイヤピン方式」の位置決め

✤ 穴基準の位置決め

　これまで「端面基準」を紹介してきました。ここからは「穴基準」に移ります。穴基準は、位置決め対象物の穴に治具のピンを挿入して位置を決める方法です。**対象物の外形や寸法にバラツキがある場合は、端面基準では位置が定まらないため、穴を基準に位置決め**します。

　この穴基準は、穴やピンに糸ゴミなどの異物が付着すると挿入ができないため、位置決め不良を防ぐことができるメリットもあります。

	2つの穴形状	2本のピン形状
❹ 丸ピン方式	丸穴＋丸穴	丸ピン＋丸ピン
❺ ダイヤピン方式	丸穴＋丸穴	丸ピン＋ダイヤピン
❻ 長穴方式	丸穴＋長穴	丸ピン＋丸ピン
❼ ダボ方式	丸穴＋丸穴	板金に凸のピン形状

図2.8の通し番号

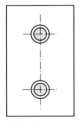

❹丸ピン方式
❼ダボ方式

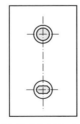

❺ダイヤピン方式

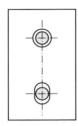

❻長穴方式

図2.21　角形状の「穴基準」

❈ 丸ピン方式

　ここからは穴基準の具体策として「❹丸ピン方式」「❺ダイヤピン方式」「❻長穴方式」「❼ダボ方式」について紹介します（**図2.21**）。

　丸ピンには全長にわたって直径が変わらない「ストレートピン」（**図2.22**の**(a)**）と、直径が途中で変わる「段付きピン」があります（同図**(b)**）。段付きピンは段付き部を当たりにすることで、飛び出し量を確定できることが特徴です。

　また止まり穴に挿入する際には空気の抜け穴が必要（図2.16の（a））で、ピンに抜け穴をあけたタイプ（図2.16 (b)）や、側面に面加工したエアベント付きのタイプが市販されています（図2.22の **(c)**）。

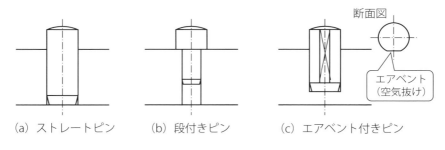

（a）ストレートピン　　（b）段付きピン　　（c）エアベント付きピン

図2.22　丸ピンの種類

❈ ダイヤピン方式

　丸ピンの両側面を平面に削ったものが「ダイヤピン」です（**図2.23**）。位置決めに使用する2本のうちの1本を丸ピン、もう1本に**ダイヤピンを用いることで、穴の中心間距離のバラツキが大きくても位置決めが可能**になります。

　丸ピンよりもダイヤピンは価格が高いので、先に紹介した丸ピン方式では位置決めできない場合に、このダイヤピン方式を採用することになります。

　どの場合にこのダイヤピンを選択すれば良いのかは、この後に丸ピンと比較した具体例で紹介します。

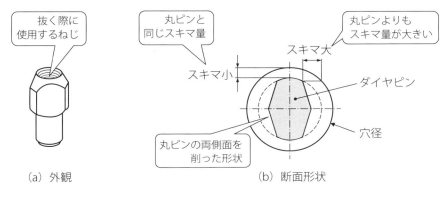

図 2.23　ダイヤピン

❋ ピン径公差の決め方

　位置決めする対象物は、通常は自社の開発部門や顧客が設計します。すなわち位置決め対象物の「穴径」と「中心間距離（ピッチ）」はすでに決まっています。それに対して、わたしたち治具設計者は「ピン径」を決めてから「中心間距離の公差（ピッチ公差ともいう）」を決めることになります。

　ピン径は必要な位置決め精度から決まります。たとえば穴径がϕ4.0 mmのときに、対象物を±0.2 mm以内に位置決めしたいならば、片側スキマを0.2 mmとしてピン径はϕ3.6 mmでいいのでしょうか。実際にはこう簡単にはいきません。穴径にもピン径にも公差があるため、このバラツキを考慮しなければならないからです。

　そこで公差内で一番大きくあいた穴（公差の上限値）と、公差内で一番小さく加工されたピン（公差の下限値）の組み合わせがもっともガタが大きいので、この条件で検討します。先の例で穴径はϕ4.0 mmの公差が＋0.2／0 mmだとすると、一番大きな場合はϕ4.2 mmになります。いま位置決め精度±0.2 mm以下を求められているので、一番小さなピン径はϕ3.8 mmでなければなりません。

　そこでピン径ϕ4.0 mmの公差を－0.1／－0.2 mmに設定します。こうしたはめあい穴やピン径の公差を「±」で表さずに「2行表示」で表す理由は第7章で解説します。

✲ 丸ピンのピッチ公差の求め方

ピン径の公差が決まれば、次は中心間距離の公差（ピッチ公差）を求めます。計算する上で、ここでは各要素を下記の記号で表します。

L：穴とピンの中心間距離

a_h：穴の中心間距離の公差幅　　　a_p：ピンの中心間距離の公差幅

$S_{1\min}$：左穴とピンの最小スキマ　　$S_{2\min}$：右穴とピンの最小スキマ

穴にピンが入る限界として、穴の中心間距離が公差内で一番大きくて、ピンの中心間距離が公差内で一番小さい場合を考えてみましょう。

左辺をピンの位置、右辺を穴の位置として式を立てると、

$$(L - a_p/2) + (S_{1\min}/2 + S_{2\min}/2) > L + a_h/2$$
$$S_{1\min}/2 + S_{2\min}/2 > a_h/2 + a_p/2 \quad より$$

位置決め可能な条件は「$S_{1\min} + S_{2\min} > a_h + a_p$」となります（**図2.24**）。

この式よりピンのピッチ公差を求めます。

【限界中心位置】

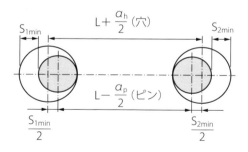

図 2.24　丸ピン方式の寸法条件

第 2 章 位置決め方法

✿ ダイヤピンのピッチ公差の求め方

　先の丸ピンと同じように、ダイヤピンの中心間距離の公差（ピッチ公差）を求めてみましょう。ダイヤピンの寸法は、**図2.25**の「a寸法」と「b寸法」がメーカーカタログに記載されています（メーカーによって記号は異なる）。

　三角形DOCにおいて、

$$(OB+BC)^2 = (OD)^2 + (DA+AC)^2 \quad と \quad (OD)^2 = (AO)^2 - (AD)^2 に、$$

$OB = b/2$、$BC = S_{2\min}/2$、$AO = b/2$、$AD = a/2$、$AC = X/2$ を代入。
$(S_{2\min})^2$ と X^2 は微小値のためゼロと見なすと、$X = b/a \cdot S_{2\min}$ となり、これを先の丸ピンの条件式の $S_{2\min}$ と置き換えると、
位置決め可能条件は、「$S_{1\min} + b/a \cdot S_{2\min} > a_h + a_p$」となります。

　左記の丸ピンの条件式と比べると、$S_{2\min}$ に b/a を掛けた点だけが異なります。

【標準中心位置】

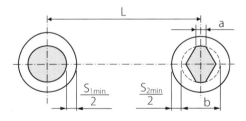
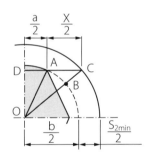

〈位置決め可能な条件〉

$$S_{1\min} + \frac{b}{a} \cdot S_{2\min} > a_h + a_p$$

〈計算式〉三角形 DOC において
$(OB+BC)^2 = (OD)^2 + (DA+AC)^2$ と
$(OD)^2 = (AO)^2 - (AD)^2$ より

$X = \dfrac{b}{a} \cdot S_{2\min}$ となり

これを図2.24式の $S_{2\min}$ と置き換える

図 2.25　ダイヤピン方式の寸法条件

✳丸ピン方式とダイヤピン方式を事例で比較する

それでは、具体的な事例で見ていきましょう。以下の条件において、ピンの中心間距離の公差（ピッチ公差）を求めてみましょう。

穴径：ϕ10mm＋0.05/0mm（上限値10.05mm、下限値10.00mm）

穴の中心間距離：100mm ± 0.05mm

ピン径：ϕ10mm－0.05/－0.1mm（上限値9.95mm、下限値9.90mm）

ダイヤピン寸法：a寸法3mm、b寸法10mm

1）丸ピンの場合

位置決め可能条件「$S_{1\,min}＋S_{2\,min}＞a_h＋a_p$」に上記の数値を代入し、ピンの中心間距離の公差幅$a_p$を求めます。

$S_{1\,min}$ も $S_{2\,min}$ も、穴とピンの最小スキマは10.00－9.95＝0.05 mm。

a_hは穴の中心間距離の公差幅なので、公差を2倍して0.05×2＝0.1 mm。

$$S_{1\,min}＋S_{2\,min}＞a_h＋a_p$$

0.05＋0.05＞0.1＋a_p　　より

$0＞a_p$となることから、実現は不可能。

2）ダイヤピンの場合

位置決め可能条件「$S_{1\,min}＋b/a・S_{2\,min}＞a_h＋a_p$」に数値を代入します。

$S_{1\,min}$、$S_{2\,min}$、a_hは上記と同じで、ダイヤピンの寸法はa＝3 mm、b＝10 mm。

$$S_{1\,min}＋b/a・S_{2\,min}＞a_h＋a_p$$

0.05＋10/3×0.05＞0.1＋a_p　　より

$0.12＞a_p$となることから、ピンの中心間距離の公差（ピッチ公差）は、± 0.06未満で実現可能となります。

すなわち冒頭の条件では、丸ピンの場合には実現が不可能です。実現させるには、穴の中心間距離の公差（ピッチ公差）を厳しくするか、必要な位置決め精度をゆるめて穴とピンの最小スキマを広げなければなりません。これに対してダイヤピンを使えば、何も条件を変えることなく実現が可能になります。

第 2 章 位置決め方法

実際にはこうしたギリギリのケースは少ないと思いますが、ダイヤピンを使えば実現可能になるメリットを紹介しました。

✽ ダイヤピンは向きに注意する

以上のようにダイヤピンを用いることで、ピンの中心間距離の公差（ピッチ公差）をゆるめることが可能になりますが、図2.26のようにセットする向きを間違えると、ダイヤピンを使う意味がなくなるので注意が必要です。

(a) 正しい向き

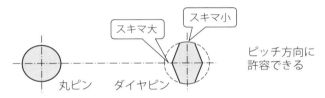

(b) 誤った向き

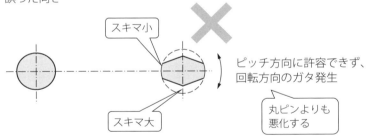

図2.26　ダイヤピンの向き

✽ ピンの高さは低く

ピンの高さを必要以上に長くするのは好ましくありません。理由は端面基準のピンと同じで、長くなるほど傾きが大きくなる点と、抜き差しの作業がやりにくくなることです。位置決めは数ミリ入れば十分です（図2.27）。

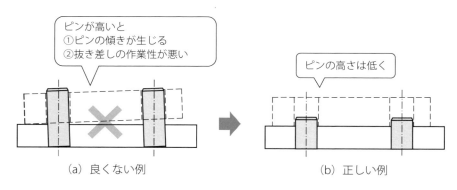

図 2.27　ピンの高さ

❋ 2本のピン高さを変える

　丸ピンとダイヤピンの種類に関わらず、2本のピンの高さを少し変えることで、挿入がしやすくなります（**図2.28**）。すなわち高い方のピンが少しでも入れば、あとの1本は回転方向だけ合わせれば良いからです。

　また2本の中心間距離（ピッチ）はできるだけ長い方が、回転ズレを抑えられるので有利です。

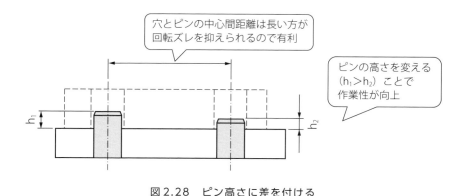

図 2.28　ピン高さに差を付ける

2.6 角形状の穴基準「長穴方式とダボ方式」の位置決め

✤ 長穴方式

　ピンは2本ともに丸ピンを使用し、穴の1つは「丸穴」で、もう1つが「長穴」の組み合わせが長穴方式です（図2.29）。この**長穴方式の一番の利点は、穴もピンもどちらも中心間距離の公差（ピッチ公差）は普通公差（一般公差）で十分なこと**です。すなわち高い寸法精度は必要ありません。このとき丸穴側が基準となります。

　長穴の短手寸法は丸穴径と同じで、長手方向にストレート部を入れた形状になります。ストレート部の長さは1mmや2mmで十分です。

　たとえば穴径がφ10の公差＋0.1/0 mmで、ピン径がφ10の公差−0.1/−0.2 mmで、穴の中心間距離の公差（ピッチ公差）が±0.3 mmの場合、丸ピン

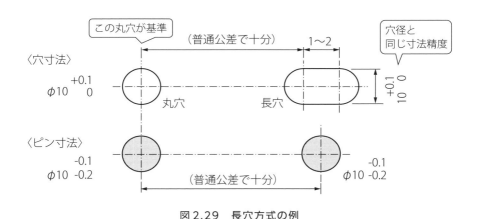

図2.29　長穴方式の例

だけでなくダイヤピンでも実現できません。こうした場合に長穴方式であれば問題なく位置決めが可能になります。

� ダボ方式

穴基準の最後に紹介するのがダボ方式です（**図2.30**）。これは板金に凸の突起形状のダボを付けて、穴にはめることで位置を決める方法です。板金同士の位置決めに適しています。

ダボは、金型によるプレス加工でつくりますが、上型のパンチと下型のダイの直径が、通常の打ち抜き金型と逆の「パンチ径＞ダイの穴径」になっています。凸のダボの飛び出し量は、板厚みの半分が目安です。

はめあい精度は片側クリアランスで0.1〜0.2mmといったゆるいはめあいになります。形状が非対称の場合には、図面でダボ凸の方向を指示する必要があります。

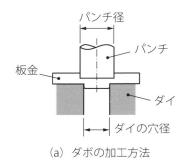
(a) ダボの加工方法

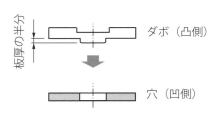
(b) ダボと穴のはめあい

図2.30　ダボ方式

2.7 角形状の底面基準の位置決め

❋面当たり方式とピン当たり方式

　底面基準の面当たり方式とピン当たり方式は、前述の端面基準の場合と同じです（図2.31）。高い精度は必要ない場合や、大きな力が加わる場合には面当たりで受けます。このとき異物対策として着座面の逃げ加工が有効です（図2.32）。高い精度を求める際には「3・2・1の法則」の3点を、ピンで受けます。

❽面当たり方式　　❾ピン当たり方式　　❿平衡方式

図2.8の通し番号

図2.31　角形状の底面基準

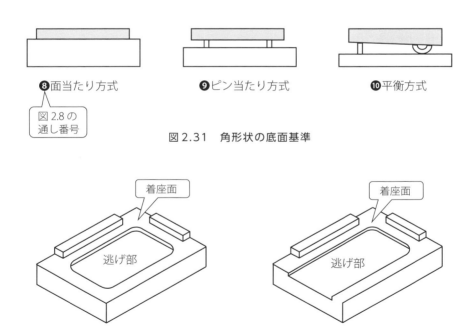

（a）逃げ加工の例（その1）　　（b）逃げ加工の例（その2）

図2.32　着座面の逃げ加工

❇ 平衡方式

　位置決め対象物の底面に段差や表面が粗く凹凸がある場合には、高さを調整するボルトやスクリュージャッキで支えます（**図2.33**）。

　また底面が傾斜している場合には、「イコライザ」と呼ばれる平衡装置と、ボルトやジャッキを使用して水平を出します（**図2.34**）。イコライザは力を2点で均等に受けることができる点が特徴です。

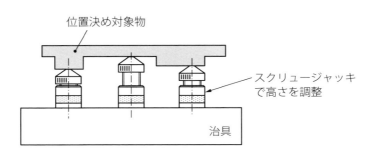

図2.33　底面に段差がある場合

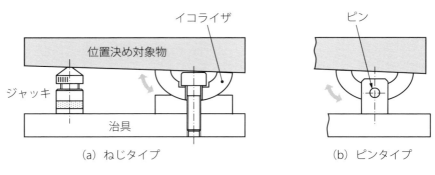

（a）ねじタイプ　　　　　　　　（b）ピンタイプ

図2.34　イコライザ

2.8 丸形状の位置決め

これまで角形状の位置決めを紹介してきました。ここからは丸形状について、側面基準の「Vブロック方式」と穴基準の「丸ピン方式」を紹介します（図2.35）。

形状	基準	方式
丸形状	側面基準	❶Vブロック方式
	穴基準	❷丸ピン方式

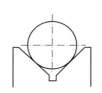
❶Vブロック方式

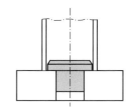
❷丸ピン方式

図2.35　丸形状の位置決め方法

✳ 側面基準のVブロック方式

丸形状部品の場合には、横に寝かせるか、立てるかの二者択一になります。横に寝かせる場合には、転がらないようにV字で受けます。市販品のVブロックは、精度が高く価格も安いので便利です。

Vの角度には60°、90°、120°があります。Vブロックを水平にセットすれば、その上に置く位置決め対象物の左右方向の中心を合わせることができる一方、上下方向は対象物の直径公差分がばらつくことになります（図2.36）。このバラツキ度合いは、V字の角度が広がるほど小さくなります。

図 2.36　Vブロック方式

なお、水平方向には多少の誤差が出ても良く、上下方向は一定にしたい場合には、Vブロックを90°横向きに置いて固定すれば対応可能です。

✾ Vブロックの位置決め精度

位置決め対象物の直径公差により、上下方向にどの程度のバラツキが出るのか見てみましょう。

「D」を直径の最大値、「d」を直径の最小値、「θ」をVブロックの角度、「e」を中心位置のバラツキ量とすると、Vブロックの角度ごとのバラツキ量eは**図2.37**のようになります。

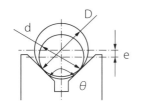

D　直径の最大値
d　直径の最小値
θ　Vブロックの角度
e　中心位置のバラツキ量

$$e = \frac{D-d}{2\sin\frac{\theta}{2}}$$

Vの角度θ	バラツキ量e
60°	D−d
90°	0.707（D−d）
120°	0.577（D−d）

図 2.37　Vブロックの位置決め精度

第 2 章 位置決め方法

❋ Vブロック位置決め精度の事例

位置決めしたい丸形状の直径が φ50 ± 0.05 mm、Vブロックの角度が 90°のとき、中心位置の上下バラツキを求めてみましょう。図2.37 において、直径の最大値Dは 50.05 mm、直径の最小値dは 49.95 mm、Vブロックの角度 90°なので、中心位置のバラツキ量 e は、

$$e = 0.707 \times (D - d) = 0.707 \times (50.05 - 49.95) = 0.07 \text{mm}$$

になります。

❋ 端面保持と溝保持

Vブロックで位置決めする際には、残り1方向の移動も拘束しなければなりません。その際に前述の図2.5のように端面を保持する方法と、側面に溝を加工して、この溝で位置決めする方法があります（**図2.38**）。

溝位置決めの場合には、通常のねじやボルトで固定するよりも、次章で紹介するクランピングボルトやボールプランジャといった先端がボール形状の方が位置決め精度が高まります。また複数の溝を加工することで、複数箇所での位置決めが可能になります。

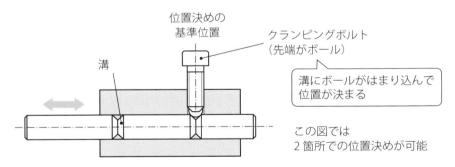

図2.38　丸形状の溝で位置決め

❋ 穴基準の丸ピン方式

丸形状で中心に穴が空いている中空品では、この穴を基準にして丸ピンで位置決めする方法があります（**図2.39**の (a)）。丸ピン方式は前述の角形状の丸ピン方式と、基本は同じです。できるだけ飛び出し量は少なくし、誘導するためのテーパ角度は15〜30°を狙います（詳細は第6章6.2節参照）。

またピン先端が半球状になったものも市販されています（同図 (b)）。この半球状の特徴は、ピンに当たる位置が大きくずれる場合には接触角度が大きくなるので好ましくありませんが、相応の位置精度ではめることができる場合は、接触角度が15°以下になり、より挿入しやすくなります。

❋ 丸ピンの逃げ加工

糸ゴミなどの異物対策として、平面受け部品に座ぐり加工をおこなったり、段付きピンにすることで、異物の影響を避ける工夫をおこないます（同図 (c)）。この段付きピンも市販されています。

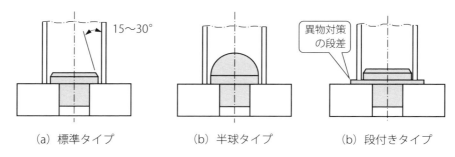

(a) 標準タイプ　　(b) 半球タイプ　　(b) 段付きタイプ

図 2.39　穴基準の丸ピン方式

第3章

固定方法

3.1 固定の基本

❋ 固定の原則

　対象物を位置決めした後に、その位置を継続させるための「固定」をおこない、固定した状態で加工や組み立て、検査といった作業を実施します。

　そのための「固定の原則」は、

　　①対象物が作業中にずれないように確実に保持すること

　　②押さえた力で変形しないこと

　　③対象物にキズがつかないこと

になります。押さえ過ぎると変形やキズが生じるため、適した押し付け力が求められます。

❋ 機構の条件

　次に固定をおこなう機構の条件には、以下の3つがあります。

　　①簡単明快でシンプルな構造であること

　　②ワンタッチで固定と解除ができること

　　③締め付け力が維持されること

治具は手作業で使用するので、容易に作業できることが求められます。また3つ目の「締め付け力の維持」とは、力を加えて固定した後に、その力を取り除いても固定が継続することを意味します。固定を解除する際には、再び力を加えます。

　ねじや後述するトグルクランプはこの条件を満たしています。当然のことに思えますが、もし連続して力を加え続ける必要があるならば、作業の負荷が増えます。またその対策として動力を用いると、メカ機構も複雑になってしまいます。このように「締め付け力の維持」はとても大切な条件になります。

第3章 固定方法

❋ 固定には摩擦が必須

運動を妨げようとする抵抗力を「摩擦力」といいます。摩擦にはマイナスのイメージがありますが、摩擦がなければテーブルの上のモノはすべり落ち、人は地面とすべって歩くことはできず、建物は崩壊し、山は崩れて平地になってしまいます。この世は摩擦のおかげで成り立っています。

固定もこの摩擦力を活かしています。摩擦には、静止しているモノを動かそうとするときに働く「静摩擦」と、運動中に働く「動摩擦」があります。この摩擦力の大きさの度合いは「静摩擦係数」と「動摩擦係数」で表されます。

❋ 固定の力学

固定はどのような条件で成り立つのかを、簡単に確認しておきましょう。水平な台に、重量Wの対象物があり、上から外力Pが加わっているとします(**図3.1**)。このとき、横方向からFの力が加わると、反力としてu(W+P)の摩擦力が生じます。このuが静摩擦係数です。外力Fより摩擦力u(W+P)が大きければ、対象物は動かず固定された状態です。

すなわち固定の条件は、F＜u(W+P)となり、**このときのPが固定のために押さえつける力**になります。

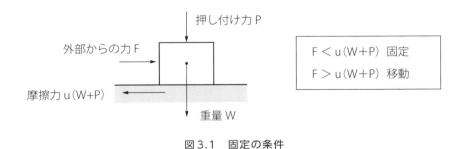

図3.1　固定の条件

✹ 静摩擦係数と動摩擦係数

静摩擦係数のuは、材質や接触面の状態で決まるため、一律に決まった定数はありません。理論上は、**図3.2**のように対象物を斜面に乗せて、傾斜角を次第に大きくして、対象物がすべり落ち始めた角度θがわかれば、「静摩擦係数u$=\tan\theta$」から導くことができます。

しかし実際に実験してみると、角度θは毎回ばらつくので困ったものです。経験的に、金属同士の静摩擦係数は、0.5〜0.8が目安になります（**図3.3**）。

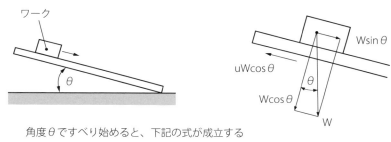

角度θですべり始めると、下記の式が成立する

$$uW\cos\theta = W\sin\theta \quad より$$

$$u = \frac{W\sin\theta}{W\cos\theta} = \tan\theta$$

図3.2　静摩擦係数の測定

材 質	静摩擦係数	動摩擦係数（すべり摩擦）
氷と氷	0.02	―
テフロンとテフロン	0.04	0.04
金属と金属	0.5〜0.8	0.2
ガラスとガラス	1.0	0.4

図3.3　静摩擦係数と動摩擦係数の参考値

3.2 市販の固定具

❋ 市販品を活用する

固定具は、新規設計するよりも**市販品を活用する**のが得策です。「**良いもの**」を「**安く**」「**すぐに入手できて**」「**実績があり信頼性も高い**」ことが理由です。多くの種類が市販されている中で、代表的な市販品を順に見ていきましょう。

❋ ノブとハンドル

「ノブ」は工具が不要な締め付け具です。外径の大きなものほど、締め付け力も大きくなります。いろいろな持ち手形状があります［数百円〜］（図3.4）。

何回転もさせる場合には、「ハンドル」や「クランクハンドル」を使うことで、楽に作業ができます。握り手自体も回転構造になっているので、握ったままハンドルを連続回転することができます［3千円〜］。

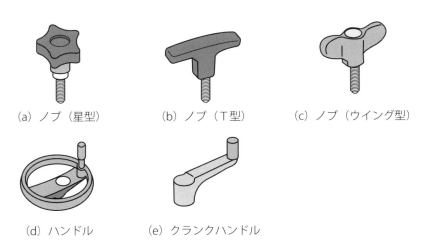

(a) ノブ（星型）　(b) ノブ（T型）　(c) ノブ（ウイング型）

(d) ハンドル　(e) クランクハンドル

図3.4　ノブとハンドルの種類

❋ クランプレバー

「クランプレバー」は、レバーを回してねじを締めたり、ゆるめたりする部品です。レバーを引き上げることでねじ部から離れてフリーになり、任意の角度に変更できることが特徴です（**図3.5**）。

レバーを一度に360°回転できない箇所でも、このクランプレバーを使えば、狭い箇所で90°回転を4回で360°回転といった作業が可能です。また回し終えた後のレバーの角度も任意の位置に変えることができるので、他の部品との干渉を防ぐことができます。

レバーのサイズや形状のバリエーションもそろっており、締め付けトルクを設定できる機能が付いたタイプも市販されています［数百円〜］。

手順①　レバーを引き上げる　　手順②　任意の角度に設定　　手順③　レバーを下げる
レバーとねじ部がフリーになる　このときねじ部は回転しない　これでねじ部と連結する

図3.5　クランプレバーの使用手順

❋ カムレバー

カムは輪郭が任意の形状をした機構部品です。カムを回転させることで、カムに接触した部品を往復直線運動や揺動運動させることができます。

このカムを利用した機構部品の1つが「カムレバー」です。円板の中心と回転中心とを偏心させたカム構造で、レバーを倒すことにより押し付けをおこないます。**図3.6**でA寸法とB寸法の差がストローク量になります［数千円〜］。

第 3 章 固定方法

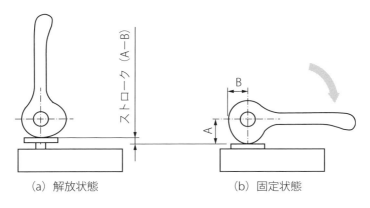

(a) 解放状態　　　　　　(b) 固定状態

図3.6　カムレバー

✤ クランプ

　対象物を押さえる部品を「クランプ」といいます。クランプが水平になるように、対象物と反対側に高さを調整するための「ジャッキ」と呼ばれる市販品を使用します（**図3.7**）。クランプの止め穴が長穴になっているのは、六角ナットを少しゆるめてクランプを横にずらすだけで、容易に着脱できるためです。

　大きな力が加わらなければ、六角ナットの代わりに、先に紹介したノブを使うことで作業性が向上します。またクランプの下部にバネを組み込んでおくことで、対象物をはずした際のクランプ落下を防ぎます［数千円～］。

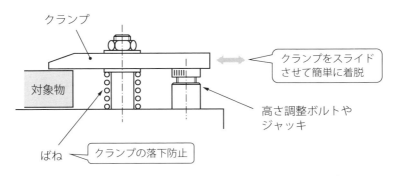

図3.7　クランプによる固定

❖ ステップクランプ

「ステップクランプ」は、工作機械で材料の固定に使用しますが、加工に限らず固定治具として活用できます（図3.8の(a)）。対象物の反対側は、支持台となるステップブロックで支えます。階段形状のためステップクランプは水平にならないので、このときにはステップブロック側を高くします。また先と同じように、クランプの下に落下防止用のバネを組み込むと便利です［数千円〜］。

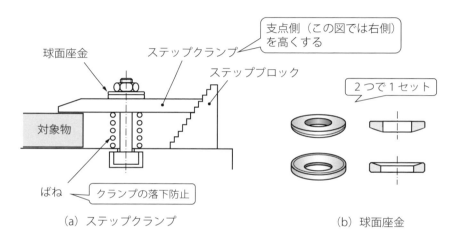

(a) ステップクランプ　　　　　　　　(b) 球面座金

図3.8　ステップクランプと球面座金

❖ ステップクランプに使用する球面座金

ステップクランプをねじで締め付ける際に、クランプは水平にはならないため、平座金では点接触となってしまいます。そこで平座金の代わりに「球面座金」を使用します（図3.8の(b)）。

球面座金は2つの部品から成り、曲面の凹凸で面接触する構造です。そのため上面と下面が平行でなくとも、片方の部品が対象物に沿って傾くことで面接触し、上面から押し付ける力を均等に伝えることができるユニークな座金です［数百円〜］。

平座金と球面座金の比較を、図3.9に示しました。

第 3 章 固定方法

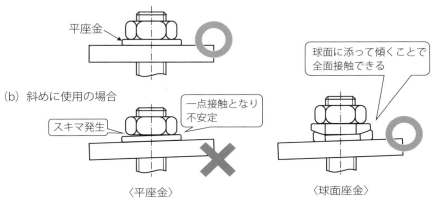

図 3.9　平座金と球面座金の使い分け

✻ ハネクランプ

　対象物の高さが変わっても、無段階で固定が可能な固定具が「ハネクランプ」です（**図3.10**）。強固に固定できるので、振動が生じる工作機械で使用されています。

　ボルトから短い方を工作物に接触させる向きで使用します［数千円～］。

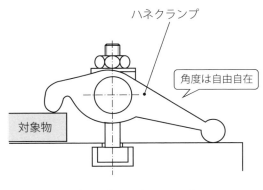

図 3.10　ハネクランプ

61

❖ トグルクランプ

　ワンタッチで固定できる代表選手が、「トグルクランプ」です。ハンドルを手で倒すと、プッシャが対象物を押しつけます（図3.11）。トグルクランプは、入力よりも大きな力を出せるトグル機構を採用しており、手で操作する力よりも10〜20倍の力で押し付けられることが特徴です。

　板金を用いた構造で1千〜3千円と安価です。ハンドルを垂直に立てることで下向きに押すタイプや、逆にハンドルを倒すことで下向きに押すタイプ、また横向きに押すタイプなど、さまざまなバリエーションがそろっています。

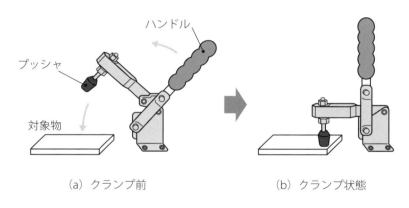

(a) クランプ前　　　　　　　　(b) クランプ状態

図3.11　トグルクランプ

❖ トグルクランプの機構

　図3.12の(a)はクランプ前の状態です。ハンドルを押すと、AとDとCが一直線上に並び、次に同図(b)のようにCがADを結ぶ線よりも左側に入ることで、プッシャで対象物を押しつつ、ハンドルから手を離しても、そのまま維持します。これが前述した「締め付け力の維持」です。対象物に反力が加わると、Cはさらに左に倒れようとするので押し圧はより大きくなります。

　一方、ハンドルを元に戻せば、容易に解除することができます。

第 3 章 固定方法

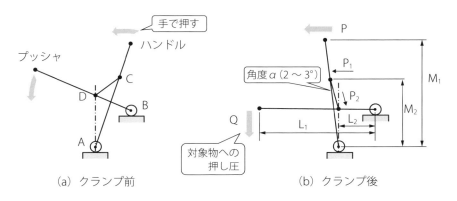

図 3.12　トグルクランプの機構図

加えた力を P、クランプの出力を Q とすると

$$P_1 = P \frac{M_1}{M_2} \qquad P_2 = P_1 \frac{1}{\sin\alpha} \text{ より、} Q = P_2 \frac{L_2}{L_1} = P \frac{M_1 \cdot L_2}{M_2 \cdot L_1} \frac{1}{\sin\alpha}$$

図3.12において、$M_1 = 100$ mm、$M_2 = 65$ mm、$L_1 = 100$ mm、$L_2 = 40$ mm、$\alpha = 2°$で、手で押す力を 1 kgf (9.8N) とすると、プッシャによる対象物への押し圧 Q は、

$$Q = 1 \times (100 \times 40) / (65 \times 100) / \sin 2° \fallingdotseq 17.6 \text{kgf} (173\text{N})$$

となります。

これより手で加える力に対して、約18倍の押し圧であることがわかります。

✤ クランピングボルト

ねじの先端で直接対象物を押し付ける場合、**図3.13**の (a) のようにボルトの先端が回転しながら押すために、キズが入りやすくなります。

この場合には、ボルトの先端が別部品になった二体構造の「クランピングボルト」が有効です（同図 (b)）。先端のプッシャは球形状のボールタイプと、球の一面を平面にしたタイプがあります。このプッシャは、ねじを締めても回転しないのでキズを防ぐことができます。平面タイプは若干の傾きがあっても許容できる構造になっています。「クランピングスクリュー」ともいいます［数百円～］。

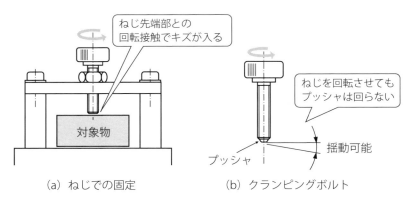

(a) ねじでの固定　　　(b) クランピングボルト

図3.13　クランピングボルト

❉ ボールプランジャ

　ボールとバネを組み込んだ機械要素部品が、「ボールプランジャ」です（**図3.14**）。ボールに力を加えると、ボールは沈み込みます。この性質を活かして対象物を押し付けたり、対象物にくぼみを付けておくことで位置決めにも使用

(a) 内部構造

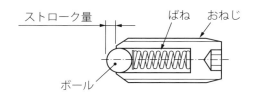

(b) 押し込みの使用例　　　(c) 凹部への位置決め使用例

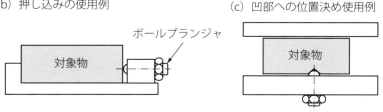

図3.14　ボールプランジャ

できます。

ボールの大きさやストローク量、バネの強弱にはいろいろなバリエーションがそろっています。図3.14の（a）はボールプランジャの内部構造を示し、（b）は押し込みの使用例、（c）は位置決めの使用例です［数百円〜］。

❋ バイス／万力

作業現場には必ずあるといっても良いほど身近な治具が「バイス」で、「万力（まんりき）」ともいいます（図3.15）。ハンドルを回すと口金が閉まり対象物を固定します。主な種類に「横万力」「マシンバイス」「シャコ万力」「精密バイス」があります。

1）横万力

通常万力といえば、横万力を指します（同図（a））。作業台に固定して用います。ヤスリがけなどの加工作業に便利です。対象物にキズがつかないよ

(a) 横万力　　　　　　　　　　　(b) マシンバイス

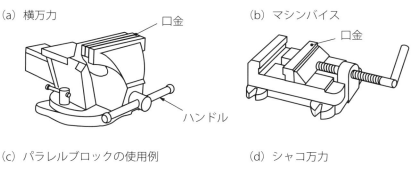

(c) パラレルブロックの使用例　　(d) シャコ万力

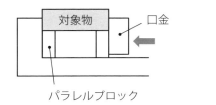
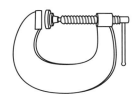

図3.15　バイス／万力

うに、アルミ板や銅板をL型に曲げて口金に当てて固定します。大きな力がかかるため本体は鋳物でつくられています［1万円～］。

2）マシンバイス

マシンバイスは、フライス盤やマシニングセンタといった工作機械のテーブルに固定して使用します（同図 (b)）。そのため、バイスの底面と固定面との平行度や、固定面と口金との直角度などバイス自体が高精度に加工されています。またボール盤に使用するバイスは、「ベタバイス」ともいいます［数千円～］。

対象物が小さい場合には、バイスに固定する際に上面がバイスの口金に隠れてしまうので、「パラレルブロック」と呼ばれる2本の平行台を用いてかさ上げします（同図 (c)）。これは現場では「ようかん」とも呼ばれています。厚みも平行度もマイクロメートル（μm、千分の1mm）レベルの高い寸法精度に仕上がっており、2本1組で市販されています［数千円～］。

3）シャコ万力

シャコ万力は、略して「シャコ万（しゃこまん）」と呼んでいます（同図 (d)）。C形状で、主にボール盤で板金を加工する際に、ボール盤のテーブルと板金を一緒にはさみ込んで固定します［数千円～］。

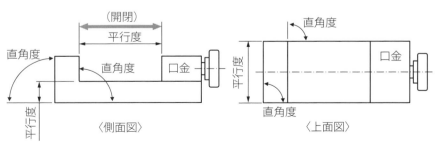

図3.16　精密バイスの例

第3章 固定方法

4）精密バイス

精密バイスの材質は焼き入れ材で、すべて研磨で加工されており、さらに精密な仕様で市販されています（**図3.16**）。直角度や平行度が100 mm当たり3 μm以下の高い精度の仕様もあります［数万円～］。

❇ スタンド

「マイクロメータスタンド」は、マイクロメータを固定する治具ですが、マイクロメータに限定する必要はありません（**図3.17**の（a））。厚み20 mm前後までの固定が可能で、固定方向も水平から直角まで任意の角度に調整することができる便利な固定具です［数千円～］。

同図（b）の「マグネットスタンド」は、ダイヤルゲージやテストインジケータ（後述の図5.26）の固定に使用します。台座のレバーを回すことで磁力が発生して、磁性があるモノに簡単に着脱することができます。

アームの関節部のねじ調整で、アーム長さや角度を自由に調整することができます。ただし弱点として、軽く触れるだけでアームがずれてしまうので、恒久的に使用するには適しません。調整などの一時的な使用に限られます［数千円～］。

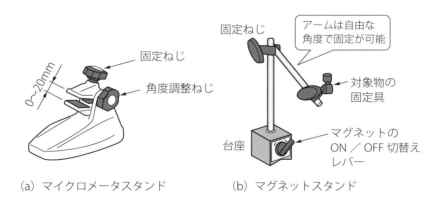

（a）マイクロメータスタンド　　（b）マグネットスタンド

図3.17　スタンド

3.3 丸形状の固定方法

✲ すきまばめでの固定方法

穴公差がH7、軸径公差がg6といった高精度なはめあいの固定方法を考えてみましょう。一番簡単な方法は、ねじによる固定ですが、ねじ先端で直接押すと軸の表面にキズが入ってしまいます。一旦キズが入ると、軸を抜く際に穴の内面にもキズが入ってしまい、二度と挿入することはできません。

その対応として、容易に着脱できるねじ固定の対応策を以下に紹介します。

✲ 軸に逃げ加工をおこなう方法

代表的な方法は、軸の逃げ加工です（**図3.18**）。ねじ先端が当たる箇所に、深さ0.5 mm程度の逃げ加工をおこないます。これによりキズは逃げ部に付くので、着脱には影響しません。この意図を表すために、逃げ部の寸法指示を直径で指示するのではなく、外径からの削り量で「逃げ深さ0.5」と記載するのがお奨めです。これはJIS製図規格ではなく、オリジナルルールになります。

また軸を2本のねじで固定する際には、ねじ位置は90°に加工します。

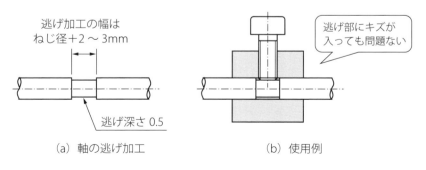

(a) 軸の逃げ加工　　　　　　(b) 使用例

図3.18　軸の逃げ加工

第 3 章 固定方法

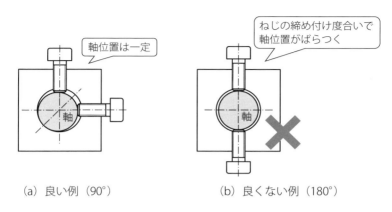

(a) 良い例（90°）　　　　　(b) 良くない例（180°）

図 3.19　2 箇所止めのねじ固定

180°では、ねじの締め付け度合いにより軸の位置がばらつくのに対して、90°であれば毎回同じ位置関係で固定できるからです（**図 3.19**）。

✻ ロックピースを使う方法

軸に逃げ加工ができない場合には、「ロックピース」を使う方法があります。ねじ加工した後に、ロックピースと呼ぶ真ちゅうの丸棒をねじ穴に落とし込んで、この上からねじを締め込みます（**図 3.20**）。

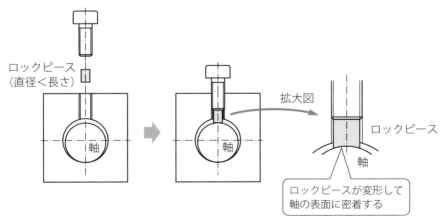

図 3.20　ロックピースでの固定

真ちゅうは軟らかい材料なので、ねじを締め込むことで、軸の表面形状に沿って変形して密着することによりキズを付けずに軸を固定することができます。ロックピースの直径は「めねじの内径」よりも小さめで、長さは直径よりも長めにします。直径よりも短いと、ねじ穴に落とし込んだ際に横に倒れてしまうためです。弱点は、軸を抜くとロックピースが落下することです。それに気付かずに再度軸を固定すると、キズが入ってしまうので注意が必要です。

❀ 穴にスリット加工する方法

　穴にスリット（溝）加工した上で、片側にキリ穴を、もう片側にねじを加工します。ここをねじで締め込むことにより、軸をはさみ込んで固定します。スリット幅は2mm程度で、ねじ径はM5以上を目安とします（図3.21の**(a)**）。

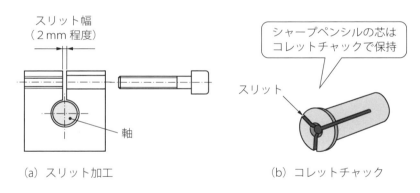

図3.21　スリット加工とコレットチャック

❀ コレットチャックを用いる方法

　旋盤にも使用されている「コレットチャック」は、中空品を位置決めし固定する際に使用する部品です。側面に放射状の切り込み（スリット）が入った構造をしており、穴に対象物を差し込んで、コレットチャックの外側を締め込むことで対象物を固定します（図3.21の**(b)**）。

　対象物を面で締め付けるので、キズを防いでやさしく保持することができます。シャープペンシルの芯は、このコレットチャックで保持しています。

第 3 章 固定方法

✳ しまりばめによる固定方法

ここまで紹介してきた方法は「すきまばめ」での固定でした。これに対して、太い軸を穴に打ち込むはめあいが「しまりばめ」で、「圧入（あつにゅう）」ともいいます。スキマはゼロになるので、精度の高い固定が可能です。しまりばめのはめあい公差は、穴公差は「H7」、軸公差は「r6」がお奨めです。

一方、これまで紹介してきたねじを使った固定方法と異なり、簡単には着脱できないのが弱点です。

✳ 接着剤で固定する方法

簡便的な方法として、接着剤で固定する方法があります。接着剤の種類には「1液性接着剤」「2液性接着剤」「瞬間接着剤」「紫外線硬化型接着剤」があります（図3.22）。

扱いやすく便利な反面、一旦接着するとはずしにくいことと、衝撃には強くないことが弱点です。一時的に暫定で使用するのが無難です。

接着剤の種類	商品例	長 所	弱 点
1液性接着剤 （エポキシ系）	セメダイン®	価格が安い 混合する手間が不要 管理が簡単	硬化時間を要する
2液性接着剤 （エポキシ系）	アラルダイト®	常温で硬化	混合の手間がかかる
瞬間接着剤	アロンアルファ®	瞬間で硬化する 常温で硬化	衝撃に弱い 表面が白く粉をふいた 状態になる
紫外線硬化型 接着剤	―	紫外線(UV)の照射で 硬化 機械上で自動接着する 場合に適する	紫外線照射装置が必要 手作業は困難

図3.22　接着剤の種類

71

✼ キーによる回転防止

軸の回転防止に「キー」を用いる方法を紹介します。軸の表面に凹の溝を加工し、穴の内面にも凹の溝を加工します。双方の溝位置を合わせて、この空間に角形状のキーを挿入します（図3.23）。これにより物理的に回転ズレを防ぎます。図3.24にJIS規格の寸法を記します。

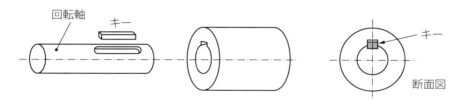

図 3.23　キーの使用方法

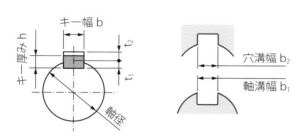

JIS B 1301、単位 mm
呼び寸法 6×6 超えは省略

呼び寸法 b×h	軸径の目安	キー寸法公差 幅b 許容差	キー寸法公差 厚みh 許容差	キー溝寸法 軸溝幅 b_1 許容差	キー溝寸法 穴溝幅 b_2 許容差	軸の溝深さ t_1	穴の溝深さ t_2
2×2	6～8	0 −0.025	0 −0.025	−0.004 −0.029	±0.0125	1.2	1.0
3×3	8～10	0 −0.025	0 −0.025	−0.004 −0.029	±0.0125	1.8	1.4
4×4	10～12	0 −0.030	0 −0.030	0 −0.030	±0.0150	2.5	1.8
5×5	12～17	0 −0.030	0 −0.030	0 −0.030	±0.0150	3.0	2.3
6×6	17～22	0 −0.030	0 −0.030	0 −0.030	±0.0150	3.5	2.8

図 3.24　平行キーとキー溝の寸法（JIS）

3.4 固定の機構

❋ テコの利用

対象物をねじで直接押す方法が、図3.25の (a) です。キズを防ぐために前述のクランピングボルトが有効です。これに対して同図 (b) はテコの原理を用いることで、押さえる力の大きさを2倍にすることができます。ただし、ねじの回転数も2倍必要になります。図のL_1とL_2の比率を変えることで、力の倍率を自由に調整することが可能です。

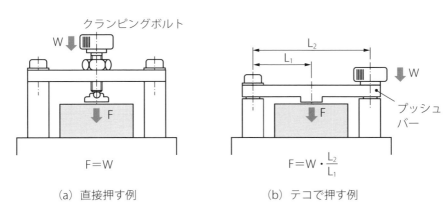

図3.25　テコの利用

プッシュバーの両端の固定穴は、片側は「丸穴」でもう片側を「切り欠き穴」にすることで、ねじを半回転させるだけで、丸穴側を起点に回転が可能になります（図3.26の (a)）。

また両方の穴を「切り欠き穴」にすれば、容易に着脱できるようになります（図3.26 (b)）。どちらの方法も作業性が向上し、ねじを抜かなくて済むので、ねじを紛失するリスクもなくなります。

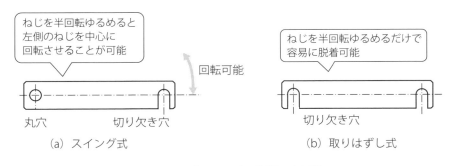

図3.26　プッシュバー着脱の容易性

浮き防止

　水平方向に強く締め込むと、対象物が下面から離れて浮きが発生するリスクがあります。その際には斜めに押すことで、下向きに押し付ける力を発生させて浮きを防止します（**図3.27**）。

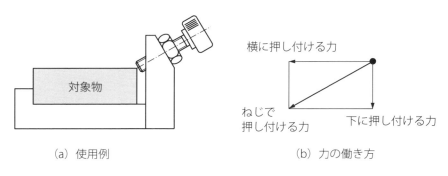

図3.27　浮き防止

力を受ける方向

　機械加工などで対象物に大きな力が加わる場合には、力を受ける方向に向けて固定することが鉄則です（**図3.28**）。逆向きでは、固定具で力を受けることになり安定しません。

第 3 章 固定方法

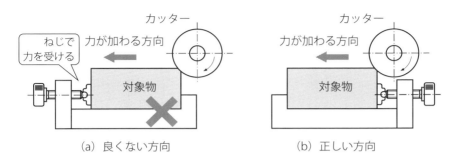

図3.28　力を受ける方向

また、力を受ける箇所はできるだけ低い方が好ましいものの、やむを得ず高い位置で受ける場合には、力を受ける箇所まで当たり位置を上げることで安定させます（**図3.29**）。この場合は、当たり部品自体の剛性も必要です。

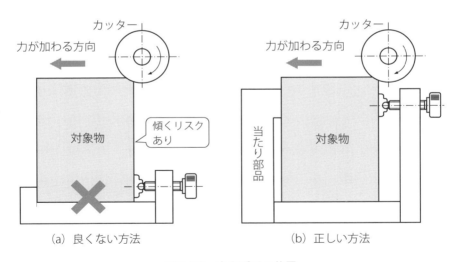

図3.29　力を受ける位置

✤イコライザによる同時固定

2個の対象物を固定する際に、均等という意味をもつ「イコライザ」を用いれば、1箇所に力を加えることで同時に固定することができます。

このメリットは2点あります。

①2個の高さ寸法にバラツキがあっても同時に固定が可能

②2個を同じ力で均等に押さえつけることができる

図3.30の(a)は図3.8で紹介した球面座金を用いた方法で、同図(b)はピンを用いた方法です。

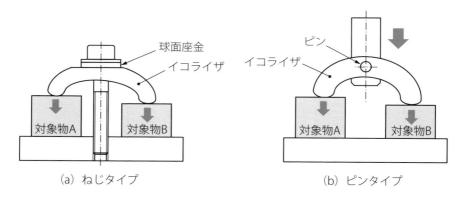

図3.30 イコライザによる同時固定

第 3 章 固定方法

3.5 真空吸引による固定

❋ 真空を使う長所と短所

ここまではメカ的に固定する方法を解説してきました。もう1つの方法として、真空吸引による固定方法を紹介します（**図3.31**）。

真空を使う長所は、

① メカ機構が必要なくシンプルな構造

② 対象物を直接押さえないので、キズのリスクを低減できる

ことです。一方、真空の短所は、

① 保持力がメカ機構に対して低い

② 剛性が低いシートやフィルムなどは、真空によりたわみが生じる

③ 複数個を同時に真空する場合に、歯抜けが1つでもあると、真空が漏れてすべての保持力がゼロになってしまう

という点です。

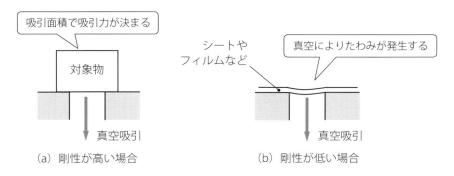

(a) 剛性が高い場合　　(b) 剛性が低い場合

図3.31　真空吸引の例

✳ 真空吸引のシステム

　真空吸引には、真空圧を設定する「真空用減圧弁」、真空のON／OFF切替えをおこなう「電磁弁（ソレノイドバルブ）」、異物を除去するための「真空用フィルタ」が必要です（**図3.32**）。真空用減圧弁は、真空度を安定させるために用います。電磁弁は配管接続口が3つある3ポート仕様を使用します（**図3.33**）。また大気中のホコリや吸引物の表面に付着している異物を真空吸引すると、電磁弁の故障や誤動作の原因になるため、フィルタで除去します。フィルタ内のエレメントは簡単に交換が可能です。

　真空の吸引確認が必要な場合には「真空用圧力スイッチ」を使用します。

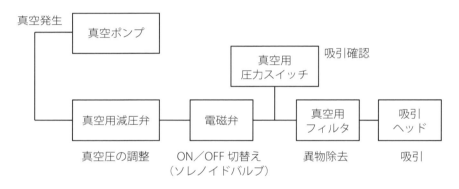

図3.32　真空吸引のシステム

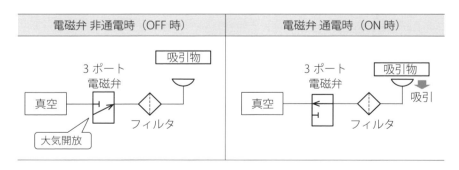

図3.33　3ポート電磁弁の配管

第 3 章 固定方法

❋ 真空圧の単位
大気圧よりも小さな圧力が、真空になります。真空の度合いは、大気圧を基準とした「ゲージ圧力」で表します。

単位は「kPa」で、完全真空は「－101.3 kPa」になります。

❋ 薄いシートの吸引方法
先の図3.31の（b）のように、薄いシートやフィルムでは吸引穴に吸い込まれるリスクがあります。その対応策として、吸引穴を小さくし複数個の穴で吸引します。さらに薄くデリケートなシートの場合には、市販されている多孔質の「吸着プレート」が有効です。たとえばϕ0.1 mmレベルの微細な穴が、1 cm^{2}当たり1,000個近くあいている仕様により、やさしくソフトな吸引が可能です。

❋ 真空を発生させる真空エジェクタ
真空ポンプを使わず圧縮空気から真空を発生させる機能部品を「真空エジェクタ」といいます（**図3.34**）。側面に穴があいた管に高速の圧縮空気を流すと、側面穴の周囲の空気が吸い込まれることで、真空が発生する原理を利用しています。

発生する真空の流量が少ないことが弱点ですが、圧縮空気さえあれば、簡単に真空を作ることができる便利な部品です［数千円～］。

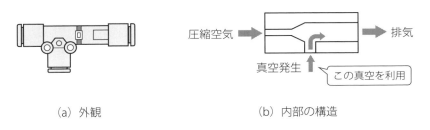

（a）外観　　　　　　　　（b）内部の構造

図3.34　真空エジェクタ

コラム 費用対効果の試算方法

　いくらまで費用をかけても良いのか、この試算方法を紹介します。たとえば第2章で紹介したねじによる位置調整で、200円の細目ねじの代わりに5千円のマイクロメータヘッドを選択するケースで考えてみましょう。

　マイクロメータヘッドを採用する狙いは「調整時間の削減」なので、この削減に対する5千円の投資効果を試算します。

　いま仮に細目ねじで調整した時の調整時間が3分／回で、マイクロメータヘッドを使えば調整時間は1分／回に削減できるとします。すなわち削減効果は2分／回です。調整回数が1日に4回であれば、8分／日の削減効果になります。

　次に単位を「分」から「円」に変換します。そのために必要な情報が、時間当たりの労務費（人件費）です。これを「労務費レート」といいます。

　生産現場には若手から熟練者までさまざまな方が作業しており、それぞれの労務費は異なるので、平均値を算出しています。これが労務費レートになります。業種によっても変わりますが、おおよそ4千円／時間が一般的です。

　労務費レートの数値を用いて「分」を「円」に変換すると、1日当たりの削減効果8分は、4千円×（8分／60分）＝533円／日になります。

　マイクロメータヘッドを採用すると、細目ねじよりも4,800円多く投資が必要となるので、この4,800円が何日で回収できるかを計算します。

　4,800円／（533円／日）＝9日となることから、9日間で投資は回収できて、10日目からは細目ねじを使用するより、533円／日のコストダウンを図れることがわかります。

　以上のように簡単に費用対効果は確認できるので、そのためにも自社の「労務費レート」は知っておいてください。

第4章

ねじの活用

4.1 ねじの基礎知識

❊ 接合方法の種類

　モノとモノを接合するには、「溶接」「ろう付け」「しまりばめ」「リベット」「接着剤」「ねじ」といった多くの方法があります（**図4.1**）。溶接は対象物を互いに溶かして金属結合させるため、もっとも接合の信頼性が高い方法です。ろう付けは融点の低い合金である「ろう」を溶かして接合します。対象物は溶かさないので、異なる金属同士を接合できることや、複雑な形状でも接合できることが特徴です。しまりばめは穴に対して太めの軸を打ち込む固定法で、リベットは穴に軸を差し込んでから、軸の両端をつぶして固定する方法です。

　これら接合方法の弱点は、一旦固定すれば取りはずすには破壊しなければならないことです。一方、**唯一何度でも着脱の可能な方法がねじ固定**になります。だからこそ、ねじは身の回りで多く使われています。

接合方法	接合の信頼性	取りはずしの容易性	特　徴
ね　じ	○	◎	取りはずしが可能な唯一の方法
溶　接	◎	×	接合強度はもっとも高い コストダウンが狙い
ろう付け	○	×	母材を溶かさず接合
しまりばめ（圧入） 焼きばめ／冷やしばめ	○	△	ねじ固定できない軸の接合 に有効
リベット	○	×	穴にピンを通して、ピンの 両端をつぶして固定する方法
接着剤	△	×	加工コストが安い 固定の信頼性は落ちる

図 4.1　接合方法の特徴

第 4 章 ねじの活用

✤ ねじの用途

ねじの用途は大きく3つにわかれます（**図4.2**）。もっともよく使われているのは「締結」です。ねじを用いることで、組み立てや分解を容易におこなうことができます。2つ目の用途として、ボールねじは「動力の伝達」や「位置決め」に使われます。3つ目は「変位の拡大」です。微小な変位をねじによって拡大して測定するマイクロメータはその一例です。

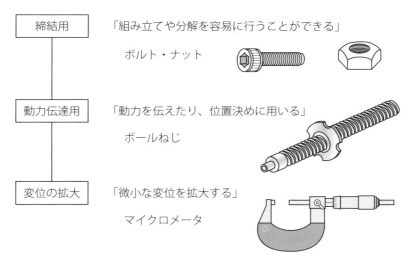

図4.2　ねじの用途

✤ ねじの基本

三角形の紙を円筒に巻きつけると、三角形の斜線はらせん状に巻かれます（**図4.3**）。このらせんに沿って三角形や四角形のひもを巻きつけると、三角形や四角形のねじになります。ねじ山が円筒の外面にあるねじが「おねじ」で、円筒の内面のねじが「めねじ」です。

また、ねじ山の巻き方向の違いにより「右ねじ」と「左ねじ」があります。一般には、時計が進む向きに回転させると締まる右ねじが使われています。

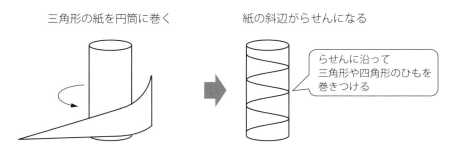

図4.3　ねじの基本

ねじ山の形状による分類

　ねじ山の断面が三角形の三角ねじには、「一般用メートルねじ（以下、メートルねじ）」と「管用（くだよう）ねじ」があります。また断面が四角形のねじには、正方形の「角ねじ」や台形の「台形ねじ」があります（**図4.4**）。

　もっともよく使われているのはメートルねじです。管用ねじは流体などの密閉性を必要とする固定に使用します。角ねじや台形ねじは、大きな力を受ける工作機械の送りねじなどに使われています。

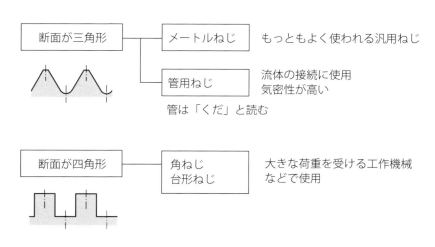

図4.4　ねじ山の形状による分類

第4章 ねじの活用

4.2 メートルねじ

✤ ねじ径の表し方

　ねじ山の断面が三角形で、ねじ山の角度が60°のねじがメートルねじです。メートルの名称が付いていますが、単位はミリメートル（mm）で表します。おねじでねじ山の一番高い箇所の直径が「外径」で、一番低い箇所の直径を「谷の径」といいます。これに対して、めねじはねじ山の一番深い箇所の直径が「谷の径」で、ねじ山の一番浅い箇所の直径が「内径」になります（**図4.5**）。

　すなわち、おねじの「外径」とめねじの「谷の径」は一致し、おねじの「谷の径」とめねじの「内径」は一致します。

　表示は先頭にメートルねじを意味する「M」をつけ、Mの後ろにおねじの場合は「外径」の寸法を、めねじの場合は「谷の径」の寸法を付けます。たとえば、おねじの外径が5 mmのメートルねじは「M5」、めねじの谷の径が8 mmのねじは「M8」になります。この「M＊」を「ねじの呼び」といいますが、実務ではねじ径と呼んでいるので、以下「ねじ径」で記載します。

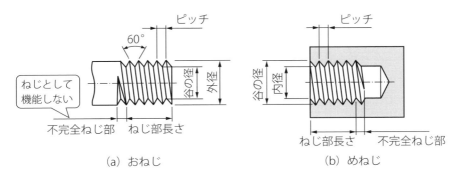

図4.5　ねじ各部の名称

✻ ねじの有効径

「ねじの有効径」は、おねじの山の幅とめねじの山の幅が等しくなる箇所の直径を表し、ねじの有効断面積はこの有効径の断面積になります。これらは後述するねじの強度計算に用いますが、有効径は実物を見てもわかりません（**図4.6**）。

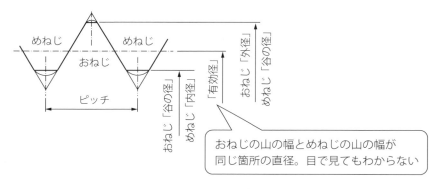

図4.6　ねじの有効径

✻ 並目ねじと細目ねじの違い

ねじ径の次に大切な寸法が「ピッチ」です。ピッチとは、山と山との間隔もしくは谷と谷との間隔を指しますが、**ねじを1回転させた時に進む量**と理解しておくと便利です。このピッチはねじ径ごとに決まっており、ピッチが大きな「並目ねじ」と、ピッチが小さい「細目ねじ」の2種類あります。どちらのねじも山の角度は60°なので、おねじの場合には外径は同じですが、谷の径は細目ねじの方が大きくなります。

たとえばM5おねじの谷の径を比べると、並目ねじは4.134 mmですが、細目ねじは4.459 mmになります（**図4.7**）。一方、めねじの場合には、谷の径は同じですが、内径は細目ねじの方が大きくなります。

並目ねじのピッチはねじ径に対して1つですが、細目ねじのピッチはM6までは1つですが、M8からは複数ある中から適したものを選択します。通常は並目ねじを使用し、次に紹介する特別な場合に細目ねじを用います。

第 4 章 ねじの活用

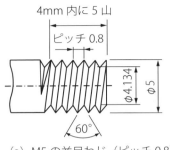
(a) M5 の並目ねじ（ピッチ 0.8）

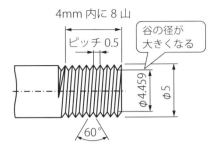
(b) M5 の細目ねじ（ピッチ 0.5）

図 4.7　M5 の「並目ねじ」と「細目ねじ」の違い

❋ 細目ねじの用途

ピッチが小さいことを活かしたい以下の場合に、細目ねじを使用します。

1) 破断しにくい

　前述したように細目ねじは、おねじであれば谷の径が大きく、めねじならば内径が大きくなるので、破断しにくくなります。

2) ゆるみにくい

　山の数が多いことで、図4.3のらせんの傾斜角が小さくなり、ゆるみにくくなります。

3) 微調整に適する

　第2章で解説したように、ねじ当たりで位置決めをおこなう場合には、1回転させたときに進む量が少ない細目ねじは微調整に適しています。

4) 薄肉に適する

　細目ねじはピッチが小さいので、ねじ山の数は多くなります。たとえばM5の並目ねじのピッチは「0.8 mm」に対して、細目ねじのピッチは「0.5 mm」です。するとねじ長さ4 mmの間に、並目ねじでは5山、細目ねじでは8山になります。細目ねじは山の数が多いので、薄肉の部材へのねじ加工に適します（図4.7）。

✤ メートルねじのピッチ表示

　並目ねじの表示は「M（ねじ径）」で表し、細目ねじの表示は「M（ねじ径）×（ピッチ）」で表します。すなわち、ねじ径の後にピッチ表示がなければ並目ねじ、あれば細目ねじになります。

　たとえばM10の細目ねじのピッチには「1.25」「1」「0.75」（mm）があり、「1.25」を選んだ場合には、「M10×1.25」と表示します（**図4.8**）。読み手に細目ねじであることの注意を促すために、JIS製図規格ではありませんが、「M10×1.25（細目ねじ）」と記すことをお奨めします。

　M10以下のねじ寸法を**図4.9**に示します。

種 類	表記方法	表記の例	
並目ねじ	M（ねじ径）	M10	
細目ねじ	M（ねじ径）×（ピッチ）	M10×1.25 M10×1.25（細目ねじ）	読み手に注意を促すため（細目ねじ）の追記がお奨め

図4.8　ねじサイズの表記

ねじの呼び（ねじ径）	ピッチ		おねじの外径めねじの谷の径	おねじ 谷の径めねじ 内径	
	並目ねじ	細目ねじ		並目ねじ	細目ねじ
M3	0.5	0.35	3.000	2.459	2.621
M4	0.7	0.5	4.000	3.242	3.459
M5	0.8	0.5	5.000	4.134	4.459
M6	1	0.75	6.000	4.917	5.188
M8	1.25	1（0.75）	7.000	6.647	6.917（ピッチ1）
M10	1.5	1.25　1（0.75）	8.000	8.376	8.917（ピッチ1）

＊単位mm、M10以降は省略。細目ねじはできるだけ（　）以外のピッチを選択する

図4.9　ねじ寸法

❋ ねじの強度

ねじがどれだけの力まで耐えられるのかを示したものが、JISで規定された「強度区分」です。通常の使用では特に気にする必要はありませんが、参考までに紹介します。

この強度区分は「引張り強さ」と「降伏点」を表しています。引張り強さは破断する力の大きさを、降伏点は変形しても元に戻る弾性範囲の上限を表しています（詳細は第7章で解説）。ねじの材質がクロモリ鋼などの鋼製の表示と、ステンレス鋼の表示は違っているので、まず鋼製から見ていきましょう。

1）鋼製の場合

鋼製の強度区分は10種類あり、「3.6」「4.6」「4.8」「5.6」「5.8」「6.8」「8.8」「9.8」「10.9」「12.9」で表されています。この読み方は、ピリオドの左側の数値は「引張り強さ」で引張り強さ（N/mm^2）の百分の1を、右側の数値は「降伏点」で引張り強さに対する比率の十分の1を表しています。

たとえば「12.9」は引張り強さが1200N/mm^{2}で、降伏点は1200×0.9の1080N/mm^{2}を意味します。「6.8」ならば引張り強さが600N/mm^{2}で、降伏点は600×0.8の480N/mm^{2}になります。すなわち強度区分の数値の大きい方が、強いことを意味します。

2）ステンレス鋼の場合

次に材質がステンレスの場合には、「A2-70」のように表されます。この読み方は、ハイフンの左側はステンレスの材質を意味しており、右側は引張り強さ（N/mm^2）の十分の1を意味します。たとえば「A2-70」はSUS304で、引張り強さは700N/mm^{2}になります。

3）六角穴付きボルトの場合

機械部品の固定によく使用される六角穴付きボルトの場合には、鋼製は「12.9」か「10.9」が、ステンレス製は「A2-70」や「A2-50」が多く採用されています。これらの強度区分は、ねじメーカーのカタログに記載されています。

4.3 ねじとボルトの種類

✿ ねじの分類

　ねじとボルトの分類や名称に決まった定義はありませんが、家庭にもあるプラスドライバーやマイナスドライバーを使うねじを「小ねじ」、六角レンチやスパナといった工具を使ってしっかり締めたい際に使用するねじを「ボルト」と呼んでいます。この小ねじとボルトに加えて、「工具不要なねじ」と「特殊ねじ」の大きく4つに分類できます（**図4.10**）。

分類	名称	外観	特徴	工具
小ねじ	なべ小ねじ	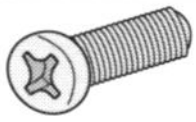	丸みのあるねじ頭で、小さな部品の固定に使用	プラスドライバー、マイナスドライバー
	皿小ねじ	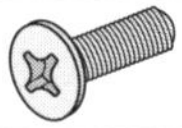	ねじ頭の上面が平面で、逆円錐形状。ねじ込んだ後に頭が出ない	
	トラス小ねじ	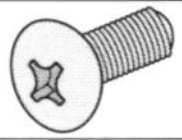	なべ小ねじよりもねじ頭の径が大きく、高さが低い	
ボルト	六角穴付きボルト	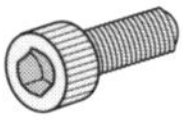	ねじ頭に六角形の穴があいており、六角レンチで締める	六角レンチ、トルクレンチ
	六角ボルト	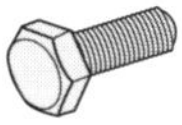	頭部の外形が六角形で、スパナで締める	スパナ、トルクレンチ
工具不要	ローレットねじ	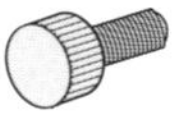	手の滑り止めのために、頭の外面に細かい溝が入っている	（工具不要）
	蝶ボルト	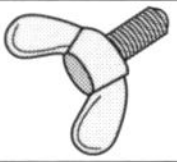	翼の突起形状をもって締める	
特殊ねじ	止めねじ		ねじ頭がなく、ねじ端面に直接六角形の穴	六角レンチ
	タッピングねじ	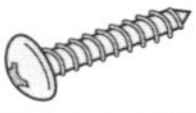	締めながら同時にめねじを加工する	ドライバー

図4.10　ねじの種類

90

第 4 章 ねじの活用

　工具不要なねじは、「蝶ボルト」などの工具は使わずに手で締めることができるねじです。特殊ねじには、ねじ頭がない「止めねじ」や、締め付けながら同時にめねじ加工をおこなう「タッピングねじ」があります。

❋ 小ねじの種類

　丸みのあるねじ頭をもつ「なべ小ねじ」は、大きな締め付け力を必要としない小物部品の固定に広く使用されています。「皿小ねじ」は、ねじ頭が逆円錐形状になっており、ねじを締め込んだときに、ねじ頭を埋め込むためのねじです。「トラス小ねじ」は、ねじ頭の外径が大きくて低い形状が特徴です。見た目も良いので、カバーの固定などに適しています（**図4.11**の **(a)**）。

　ねじを締め付けるための溝形状には、十字形状の「十字穴」や「すりわり」と呼ばれる一本溝があります。十字穴は「プラス」とも呼ばれ、プラスドライバーを用い、すりわりは「マイナス」と呼ばれており、マイナスドドライバーを用います（同図 **(b)**）。一般的には、作業性の良さと信頼性の高さから、十字穴が多用されています。

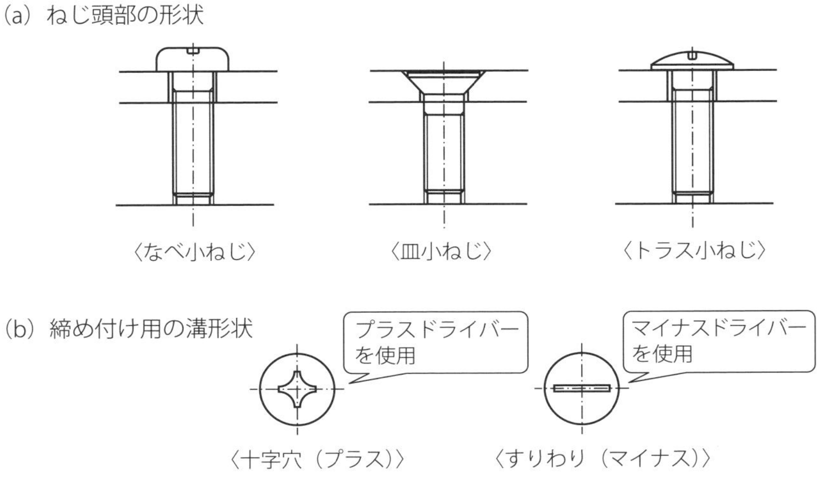

（a）ねじ頭部の形状

〈なべ小ねじ〉　　　〈皿小ねじ〉　　　〈トラス小ねじ〉

（b）締め付け用の溝形状

プラスドライバーを使用

マイナスドライバーを使用

〈十字穴（プラス）〉　　　〈すりわり（マイナス）〉

図 4.11　小ねじの種類

✤ 皿小ねじの注意点

　ねじは最低でも2本使用するために、皿小ねじではねじときり穴の中心間距離のバラツキ（ピッチズレ）により、ねじ頭を埋め込めないリスクがあります（図4.12）。

　皿小ねじ以外のねじは、きり穴とねじ径とにスキマがあるのでピッチズレをカバーできるのですが、皿小ねじの場合にはきり穴とねじ径にスキマがあっても、ねじ頭はきり穴の傾斜に沿うのでピッチズレを許容できません。すなわち1本は問題なく締め付けられますが、もう片方の1本はきり穴の傾斜に乗り上げてしまい、頭を埋め込めないリスクがあるので注意が必要です。

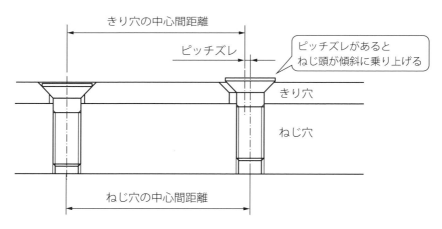

図4.12　皿小ねじの注意点

✤ ボルトの種類

　締め付け力を重視したねじが「六角穴付きボルト」と「六角ボルト」です。六角穴付きボルトは、ねじ頭に六角形の穴があいており、この穴にL形の六角レンチを差し込んで回転させるので、大きなトルクをかけて締めることができます（図4.13の（a））。ねじの材質は合金鋼のクロモリ鋼やステンレス鋼なので、強度が高いことも特徴です。

　一方、弱点はねじ頭が大きいことです。ねじ頭の高さは、ねじ径と同じなの

第4章 ねじの活用

で、M6ならば高さも6 mmになります。このねじ頭の飛び出しを避けたい場合には、深座ぐり加工で埋め込みます。

　六角穴付きボルトよりも、ねじ頭の低いねじが六角ボルトです。六角ねじは、ねじ頭の外形が六角形になっており、スパナで締めます（同図 **(b)**）。

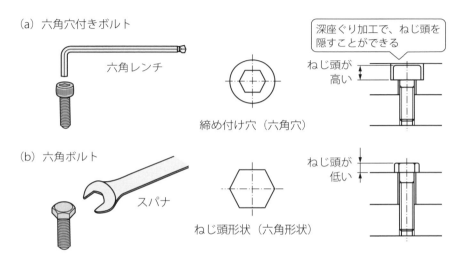

図4.13　六角穴付きボルトと六角ボルト

✳ 六角穴付きボルトの利点

　実務では六角穴付きボルトと六角ボルトは、使いわけています。
　六角穴付きボルトの利点を紹介します。

①深座ぐり加工により、ねじ頭を埋め込むことができること。六角ボルトはスパナを使うので、深座ぐりではねじを締めることができない

②六角ボルトのスパナは2面だけで締め付けるが、六角穴付きボルトは6面を使って安定して締め付けることができる

③六角穴付きボルトは、ねじが接近していても締め付けられるが、六角ボルトの場合はスパナが入るスキマが必要なので、ねじの間隔をあける必要がある

④ボルトを上向きに締める場合に、六角穴付きボルトは六角レンチを六角穴に差し込むことで保持と回転を同時にできるが、六角ボルトは片手でボルトを保持しながらスパナを回転させなければならず作業性が悪い

❋ 六角ボルトの利点

前述の理由により、六角穴付きボルトを使用するのが一般的ですが、下記のメリットを活かす場合には、六角ボルトを使用します。

① ねじ頭が低いこと
② ねじ頭の横方向から締めることができるねじは六角ボルトしかない
③ 粉塵が多い環境の場合、六角穴付きボルトの六角穴に異物が入ったまま締めると、ねじ穴をつぶしてしまうリスクがあるが、六角ボルトでは、異物が付着するとスパナが入らないので、締め込むときに気付くことができる

❋ 工具が不要なねじ

多品種対応などで頻繁に取りはずしをおこなう部品の固定ねじは、工具を必要としないねじが便利です。「ローレットねじ」や「蝶ボルト」はその代表選手です（**図4.14**）。工具を取り出す作業と片付ける作業がなくなる効果は、思った以上に大きいものです。また第3章で紹介したノブやクランプレバーも同じく工具不要なねじです。

各メーカーからさまざまなタイプが市販されています。

（a）ローレットねじ　　（b）蝶ボルト　　（c）ノブ

図4.14　主な工具不要なねじ

第 4 章 ねじの活用

❖ 止めねじとタッピングねじ

「止めねじ」は、ねじ頭がなく、ねじの端面に直接六角穴があいたねじです（図4.15の (a)）。「いもねじ」や「セットスクリュー」ともいい、ねじ先端が平坦のタイプや尖ったタイプもあります。ねじ頭がないので、狭いスペースでの使用に適しており、歯車やカップリングなど軸に固定する箇所に使用されています。また部品に埋め込まれて見えないので、デザイン性が良いことも特徴の1つです。一方、六角穴付きボルトよりも六角穴は小さくなり、六角レンチも細くなるため、強い締め付け力は期待できません。

「タッピングねじ」は「タッピンねじ」ともいい、ねじを締めながら、同時にねじの先端でめねじを加工するというユニークなねじです（同図 (b)）。事前の下穴加工は必要ですが、めねじ加工は必要ないことが大きなメリットです。軟鋼材では厚み5 mm以下が目安で、アルミニウム材料やプラスチック材料に適しています。木材の場合には、めねじ加工だけでなく下穴加工も必要なくねじ締めすることが可能です。

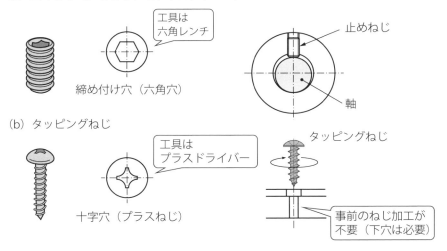

図4.15　特殊ねじ

4.4 ねじの選び方

✺ ねじの種類

治具や機械に使用するねじの代表例を紹介します。
① 基本は、締め付け力のある「六角穴付きボルト」を使用
② 交換部品の固定には、工具不要の「ローレットねじ」など
③ カバーには、ねじ頭が低く見栄えの良い「トラス小ねじ」

✺ ねじ径の決め方

ねじ径は、力が加わった際に破断しない太さから求めます。**通常は経験則から決めますが**、ここでは参考までに理論上の考え方を紹介します。

軸方向に力が加わった場合と、横方向のせん断の力が加わった場合の2つのケースで見てみましょう。

1) 軸方向に力が加わった場合

軸方向の力の大きさを W (N)、ねじの有効断面積を A (mm^2)、ねじ材料の引張り強さを σ (N/mm^2)、安全率を S とすると「W=A・σ/S」になります。安全率とは、材料自体のバラツキや経時変化、予想外の力が加わるリスクへの対応として、材料の強度に安全を見込んだ度合いになります。ここでは安全率「5」を採用します（**図4.16**）。

また先に紹介したねじの強度区分は「12.9」を使用すると、引張り強さ σ は1200N/mm^2 です。ここからねじ径ごとに許される力の大きさを計算することができます。

たとえばM4ねじの場合には、ねじの有効断面積は8.78 mm^2 なので、

W=A・σ/S=8.78 mm^2 ×1200N/mm^2/5 ≒ 2107N ≒ 215 kgf

まで耐えることが可能です。

第4章 ねじの活用

材料	静荷重	繰返し荷重 片振り	繰返し荷重 両振り	衝撃荷重
鋼	3	5	8	12
鋳鉄	4	6	10	15
銅および銅合金	5	6	9	15

図4.16　安全率の目安

2）せん断の力が加わった場合

一般的にせん断強度は、引張り強さの80％になります。参考までに、M3〜M10までの許される力の大きさを**図4.17**にまとめました。

ねじ径	おねじの有効断面積 (mm^2)	引張り荷重 (kgf)	せん断荷重 (kgf)
M3	5.03	123	98
M4	8.78	215	172
M5	14.2	348	278
M6	20.1	492	393
M8	36.6	896	717
M10	58.0	1420	1136

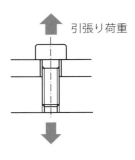
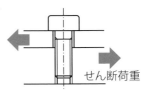

〈前提条件〉
- 引張り荷重＝おねじの有効断面積×引張り強さ／安全率
- せん断荷重＝おねじの有効断面積×せん断応力／安全率
- 安全率は「5」（片振り繰返し荷重）
- ボルトの強度区分は「12.9」（引張り強さ1200N/mm^2、降伏点は引張り強さの0.9倍）
- せん断応力は引張り強さの「80％」

図4.17　許容できる力の大きさの目安

❋ ねじ込み深さの決め方

おねじとめねじがはめあう「ねじ山の数」が少ないと、ねじ山がせん断破壊するリスクが生じます。そのために一定以上の「ねじ込み深さ」が必要です。

逆にこの深さが長すぎると、めねじ加工のムダや、ボルトをねじ込む際に必要以上に回転させるムダが生じます。

そこで、めねじの材質別の「ねじ込み深さ」の目安を紹介します（図4.18、4.19）。

1）めねじの材質が鉄鋼材料（鋳鉄を除く）の場合

「ねじ込み深さ＝ねじ径と同寸法」が基本となります。大きな力や振動を受ける際には「ねじ径×1.5倍」とし、カバーなどの力が加わらない箇所は「4ピッチの長さ」で固定することができます。

2）めねじの材質が鋳鉄やアルミニウムの場合

「ねじ込み深さ＝ねじ径×1.8倍」が目安です。

3）めねじの材質がプラスチック材料の場合

「インサートねじ」を用います。詳細は後述します。

4）板金のように薄くて上記のねじ込み深さを確保できない場合

「バーリング加工」や「プレスナット」を用います。詳細は後述します。

材料の種類		ねじ込み深さ の目安	M6の場合の ねじ込み深さ （ピッチ1mm）
鉄鋼材料 （鋳鉄を除く）	一般的	ねじ径と同寸法	6mm
	振動・衝撃・重荷重	ねじ径×1.5倍	9mm
	軽荷重（カバーなど）	4ピッチの長さ	4mm
鋳鉄・アルミニウム		ねじ径×1.8倍	11mm
プラスチック		インサートねじを使用	
材料厚みが薄い板金の場合		バーリング加工・プレスナット	

図4.18　ねじ込み深さ

❋ ねじ深さと下穴深さ

めねじは、ドリルで下穴をあけた後に、「タップ」と呼ばれる工具でねじ加工をおこないます。このねじ深さは「ねじ込み深さ＋2ピッチ以上」が目安になります。

またドリルの下穴はねじ深さより5ピッチほど深く加工する必要があります（図4.19）。これは、タップ先端の食いつき部の長さを考慮するためです。ただし図面に指示するのはねじ深さだけで、下穴深さは加工者に一任します。

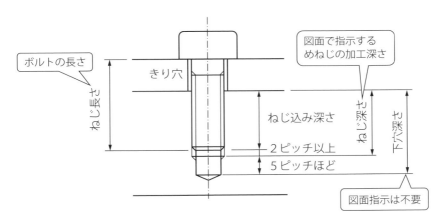

図4.19　ねじ加工の寸法関係

❋ ねじ寸法の選定手順
①経験値から「ねじ径」を決める（通常は強度計算では求めない）
②図4.18から「ねじ込み深さ」を仮に決める
③固定する部品の厚みに、②で仮に決めた「ねじ込み深さ」を足して、必要な「ねじ長さ」を試算する。この試算値に近い長さをねじの市販寸法からプラス目で選択して「ねじ長さ」を決定する
④決定したねじ長さから固定する部品厚みを引いて「ねじ込み深さ」を決定
⑤ねじ込み深さに2ピッチ以上足して「ねじ深さ」を決定する

4.5 ねじ関連の知識

�:六角ナット

めねじは、対象物に「めねじ加工」する方法と、市販の「六角ナット」を用いる方法があります（図4.20）。ここでは後者の六角ナットを紹介します。六角ナットは外周が六角形をしており、中心にめねじが加工されています。

六角ナットを用いる利点は、
①対象物にめねじ加工をする必要がないこと
②万一、ねじが破損しても交換すれば簡単に解決できること
です。一方、弱点としては、
①ねじを締める際に、六角ナットとボルトの両方を同時に保持しなければならず、作業性が悪いこと
②ナットが飛び出るので、他の部品と干渉するケースがあること
があげられます。以上から、治具や機械では、前者の対象物にめねじ加工する方法が一般的です。

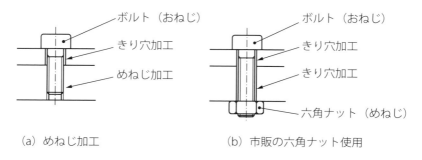

(a) めねじ加工　　　　　　(b) 市販の六角ナット使用

図4.20　めねじ加工と六角ナット

早締めナット

ナットを回す手間を省いたものが「早締めナット」です。ねじ穴に対して斜めに貫通穴をあけた構造で、貫通穴にボルトを通して、締め付け位置まで押し込んだ後に、ボルトを水平な状態に戻して締め付けます（**図4.21**）。頻繁に着脱する際に便利な部品です［1千円～］。

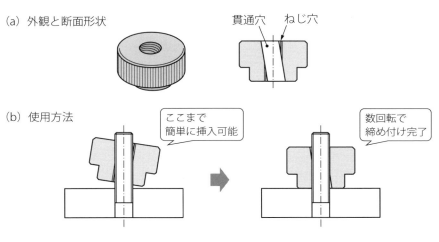

図4.21　早締めナット

めねじの強度を上げるインサートねじ

アルミニウムやプラスチックといった軟らかい材料に、M3やM4といった小さなねじが必要な場合には、何度もボルトを着脱するとねじ山がつぶれるリスクがとても高くなります。こうした場合に便利な方法が「インサートねじ」の活用です（**図4.22**）。

インサートねじは、ステンレス鋼などの硬い材質で、断面がひし形のコイル形状になっており、内側が通常のめねじになっています。このインサートねじを専用工具で対象物に埋め込んで使用します［数十円～］。

もう1つの用途として、対象物のめねじが破損した場合に、ねじ穴にこのインサートねじを埋め込めば、ねじを再生することができます。

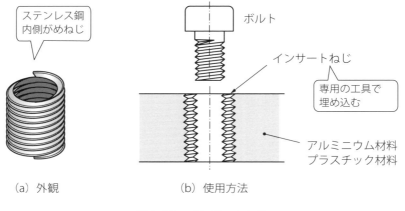

図 4.22　インサートねじ

❋ バーリング加工

　薄板にねじを加工したい際に板厚が足りないときは、「バーリング加工」をすることでねじ加工が可能になります（**図 4.23**）。たとえばM3ねじを加工したい場合には、ねじ径と同じく板厚みは3 mm必要ですが、バーリング加工を用いれば、3 mm以下の薄板でもM3ねじを加工することが可能になります。

　ドリルで下穴をあけた後に、少し太めのピン形状の専用工具を挿入すると薄板が凸状に伸びて、擬似的に板厚みが厚くなります。ここにタップでねじ加工をおこないます。大胆な加工法ですが、身近でもよく使われています。

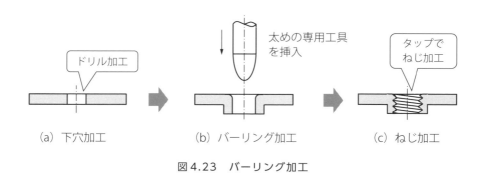

図 4.23　バーリング加工

❋ プレスナット

バーリング加工同様、薄板にねじ加工したい場合に、「プレスナット」を用いる方法があります（**図4.24**）。プレスナットは六角ナットの片面が段付き形状になったものです。薄板に下穴をあけて、ここにプレスナットの段付き部を打ち込みます。

プレスナットの段付きの先端部は周囲に切り込みの入ったくさび形状になっており、これにより抜け止めと回転止めを果たします。

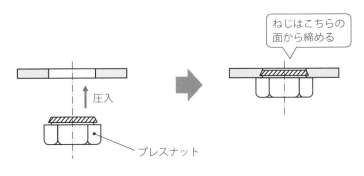

図4.24　プレスナット

❋ 平座金

ボルトで固定する際に、対象物との間にはさむ部品が座金です。「平座金」は「平ワッシャ（ひらワッシャ）」ともいい、ボルトのねじ頭の外径よりも大きい寸法で、ねじ径に合わせて選択します（**図4.25**）。

この役割は2つあり、1つは対象物がアルミニウムやプラスチックのように軟らかい材料の場合に、平座金をはさんで面圧を下げることによりキズを防いだり、面が陥没することによるねじのゆるみを防止します。

もう1つの役割は、何らかの理由できり穴が規定寸法よりも大きくなった場合に、平座金をはさむことで、加圧面積を増やします。

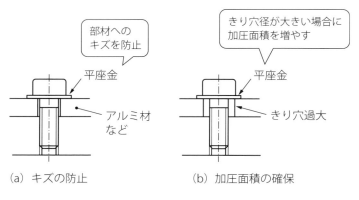

図4.25　平座金

❊ ばね座金

「ばね座金」は「スプリングワッシャ」ともいい、平座金の1箇所を切断してねじることで、ばね性をもたせたものです。このばね座金は長年ゆるみ止めに効果があると考えられてきましたが、ねじを規定のトルクで締めた際に生じる締め付け力に対して、ばね座金の弾性力は相当に低いことや、各種のゆるみ試験結果から、ゆるみ止め効果は見られないとの見解が出されています。インターネットからもさまざまな情報を得ることができるので参考にしてください。

❊ ねじのゆるみ防止

ねじは規定の締め付けトルクで締めれば、ゆるむことがないように設計されていますが、締め付け面の表面粗さや異物付着、また振動や衝撃、温度変化といった使用条件によっては、ゆるみの出るリスクがあります。

そこで、以下にゆるみ防止策をまとめます。

1) ねじは対角に締める

4箇所以上のねじ締めでは、対角の順番で締めます。隣から順に締めると、1箇所に力が集中するため、対角に締めることで均等に分散させます。また1周目は仮締めをおこない、2周目で本締めします（図4.26の (a)）。

2）増し締め

名称を見れば、一度締めた後にさらに力を加えて締めるイメージがありますがそうではなく、締めた後に時間を経てからもう一度規定のトルクで締めることを「増し締め」といいます。ゆるみのチェックが目的です。

3）細目ねじを用いる

先に解説したように、ねじのピッチには2種類あり、大きいピッチは並目ねじ、小さいピッチは細目ねじです。細目ねじでは、らせんの角度（リード角）が並目ねじよりも浅くなるので、ゆるみにくくなります（同図 (b)）。

たとえばM5のらせん角度（リード角）を見ると、並目ねじの「3° 31′」に対して、細目ねじは「2° 29′」と浅くなっていることがわかります。

4）ゆるみ止め剤

ボルトのねじ部に液状のゆるみ止め剤を塗布してねじ締めする方法です。簡単に作業できるのでよく使われており、ロックタイト®が知られています。

5）ゆるみ止めナット

各種メーカーから、アイデアを駆使したゆるみ止めナットが市販されています。

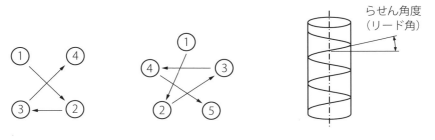

（a）対角に締める　　（b）ねじのらせん角度

図4.26　ねじのゆるみ止め

6) ダブルナット

六角ナットで締める場合に、2つ用いる方法を「ダブルナット」といいます（**図4.27**）。このときナットを締める順序が大切です。
① ナットAを締める
② その上からナットBを締める
③ ナットBをスパナで固定して、ナットAを逆回転させて、ナットAとナットBが互いに押し合う状態にする

すなわち実質はナットBで締めることになるので、ナットBの厚みはナットAと同じか、もしくはナットAよりも厚いものを使用します。

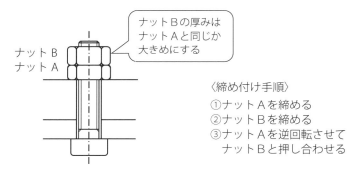

図4.27　ダブルナット

第5章

運動の案内と
測定器

平面運動の案内部品

✻ 運動を支える案内部品

　この章では、ムダなく安定して運動できるように案内する部品を紹介します。運動の方向でわけると「平面運動」「往復直線運動（以下、直動）」「回転運動」があります（**図**5.1）。また構造の違いでは、面で受けることで大きな力や衝撃力に強い「すべり軸受」と、鋼球をころがすことで抵抗の少ない「ころがり軸受」があります。

　ここから運動の方向別に紹介します。まずは平面運動からスタートです。

案内方向	種類	構造	特徴
平面運動	ブッシュ（プレート形状）	すべり軸受	重量物にも対応可能
	ボールローラ	ころがり軸受	軽くころがすことが可能
直動	スライドレール	ころがり軸受	安価でコンパクト
	直動ベアリング		高精度な運動に対応 回り止めのタイプもあり
	レール付き直動ベアリング		高精度な運動に対応 重量物にも対応可能
	カムフォロア・ローラフォロア		搬送ローラとして使用
回転運動	ブッシュ（円筒形状）	すべり軸受	直動にも対応可能
	ベアリング	ころがり軸受	汎用部品

図 5.1　案内部品の種類

第 5 章 運動の案内と測定器

❋ プレート形状のブッシュ

すべり軸受の代表が「ブッシュ」です（**図5.2**）。ブッシュの材料はプラスチックや金属で、潤滑剤を含浸させた仕様や、材料表面に低摩擦で耐摩耗性のある層を形成した仕様があり、無給油で使用可能です。

平面上をすべらす際に便利です。

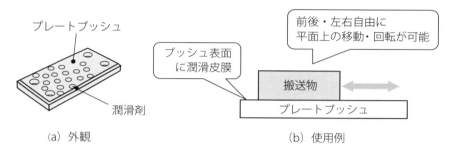

図5.2　ブッシュ（プレート形状）

❋ ボールローラ

第3章で紹介したボールプランジャのばねを除いたものが「ボールローラ」です（**図5.3**）。重量物を台の上ですべらすと、摩擦の抵抗により、思っている以上に大きな力が必要になります。この際にボールローラを用いることで、とても軽い力で動かすことができます。前後・左右の移動だけでなく回転も可能です［数百円〜］。

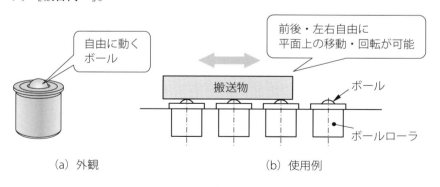

図5.3　ボールローラ

5.2 往復直線運動の案内部品

❖ スライドレール

この節では往復直線運動（直動）の案内部品を紹介します。「スライドレール」は、凹形状に板金加工した2つの部材の間に鋼球をはさみ込んだシンプルな構造が特徴です（**図5.4**）。机の引き出しのスライド部に使われており、「スライドパック」ともいいます。

コンパクトで安価、精度を必要としない軽量物の案内に最適です［1千円〜］。

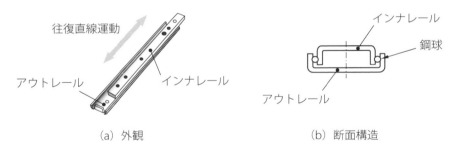

(a) 外観　　　　　　　　　　(b) 断面構造

図5.4　スライドレール

❖ 直動ベアリング

「直動ベアリング」は、軸を回転ではなく直動させる際に使用します（**図5.5**）。鋼球は保持器の中で循環する構造です。摩擦抵抗が少なく、高精度な位置決めに適します。メーカーによって名称が異なり、「リニアブッシュ」「リニアブッシング」「スライドブッシュ」「リニアベアリング」と呼ばれています［1千円〜］。

また直動ベアリングに回り止め機能が付いた仕様も市販され、「ボールスプライン」や「ガイドボールブッシュ」といいます。軸側面の溝に鋼球が沿うことで回転を防ぎます。専用の軸とセットで使用します［数千円〜］。

第 5 章 運動の案内と測定器

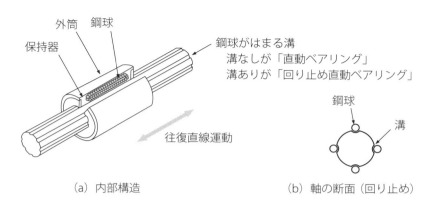

(a) 内部構造　　　　　　　　(b) 軸の断面（回り止め）

図 5.5　直動ベアリング

❖ レール付き直動ベアリング

　先のスライドレールに対して、精度が格段に高く、軽量物から重量物までオールラウンドに使用できる案内部品が「レール付き直動ベアリング」です（**図 5.6**）。専用レール上を、鋼球を内蔵したブロックがスライドします。

　「LM ガイド」や「リニアウェイ」「リニアガイド」と呼ばれ、レール長さのバリエーションもそろっています［数千円〜］。

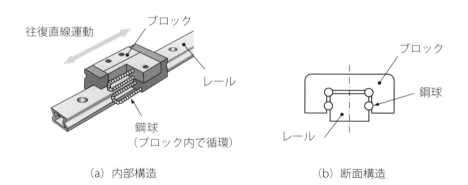

(a) 内部構造　　　　　　　　(b) 断面構造

図 5.6　レール付き直動ベアリング

111

❋ カムフォロアとローラフォロア

「カムフォロア」は、外輪が回転する軸付きのベアリングです（**図5.7**の(**a**)）。ニードルと呼ばれる多数の針状のころが組み込まれています。軸が付いているカムフォロアに対して、「ローラフォロア」は軸がない仕様です（同図(**b**)）。次の章で紹介する一般的なベアリングよりも外輪の肉厚が厚いので、大きな力や衝撃力に耐えることができ、搬送用ローラとして広く採用されています（同図(**c**)）。

また、外輪には円筒形状と球面形状の仕様があります。円筒の場合には搬送物と線接触となり、球面の場合には点接触になります（同図(**d**)(**e**)）［1千円〜］。

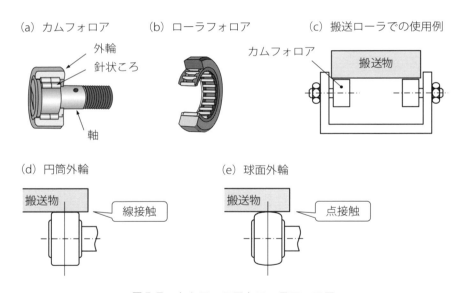

図5.7　カムフォロアとローラフォロア

第 5 章 運動の案内と測定器

5.3 回転運動の案内部品

❋ 円筒形状のブッシュ

ここからは、回転運動の案内部品を紹介します。まずは冒頭の平面運動の案内部品でも紹介したブッシュです。回転運動に使用するものは円筒形状です（図5.8）。軸の「回転」だけでなく「直動」にも使用することができます。

面で受けるすべり軸受なので、大きな力や衝撃力への耐久性に優れています。金属やプラスチックに潤滑剤を含浸したタイプは、給油が不要であることも特徴の1つです。

また設計上のメリットは、鋼球を使用しないため、肉厚1mmといった薄さに対応できる点です［数百円～］。

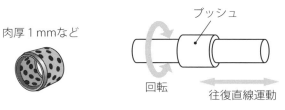

(a) 外観　　　　　　(b) 運動方向

図5.8　ブッシュ

❋ ベアリング

鋼球がころがることで、摩擦が少なく安価なことが特徴のころがり軸受です。外輪・内輪・鋼球・保持器のシンプルな構造です。力を受ける方向により、軸に対して垂直に力を受ける「ラジアル軸受」と、軸方向の力を受ける「スラスト軸受」の2つのタイプがあります（図5.9、5.10）。これらのベアリングの規格は、JIS規格で決まっているので、メーカー間で互換性があります。

113

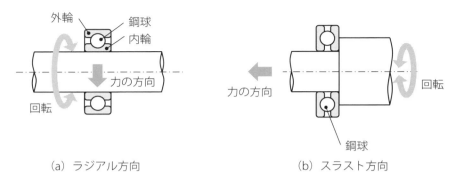

図 5.9　力を受ける2つの方向

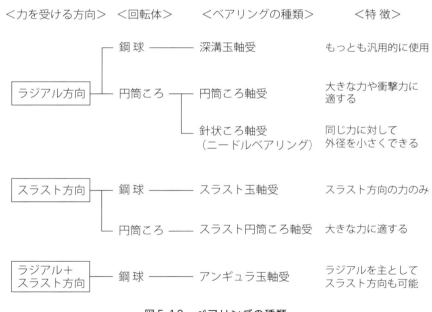

図 5.10　ベアリングの種類

第 5 章 運動の案内と測定器

✤ ラジアル方向の軸受

軸に対して垂直に力を受けるラジアル軸受には、「深溝玉軸受」「円筒ころ軸受」「針状ころ軸受」があります［数百円～］（**図**5.11）。

深溝玉軸受は、もっとも汎用的に使われている軸受です。鋼球を用いることで点接触になるので、抵抗が小さく、低騒音で高速回転に適しています。

次の円筒ころ軸受は、鋼球の代わりに円筒ころを用いることで線接触になり、深溝玉軸受よりも大きな力を受けることができます。

針状ころ軸受は、ニードルと呼ばれる細い針状の円筒ころを数多く用いることで、外径を小さくでき、省スペース化を図ることができます。「ニードルベアリング」ともいいます［数百円～］。

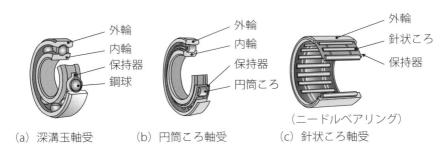

(a) 深溝玉軸受　　(b) 円筒ころ軸受　　(c) 針状ころ軸受

図5.11　ラジアル方向の軸受

✤ スラスト方向の軸受

軸方向の力を受ける主なスラスト軸受には、「スラスト玉軸受」と「スラスト円筒ころ軸受」があります［数百円～］（**図**5.12）。

この2つの違いは力を受ける部品形状で、スラスト玉軸受は鋼球を用いるのに対して、スラスト円筒ころ軸受は円筒ころを用いています。これは先に紹介した深溝玉軸受と円筒ころ軸受の違いと同じで、線接触になるスラスト円筒ころ軸受けは、大きな力を受けることが可能です。

（a）スラスト玉軸受

（b）スラスト円筒ころ軸受

図5.12　スラスト方向の軸受

✻ ラジアル＋スラスト方向の軸受

　ラジアル方向を主として、スラスト方向の力も受けることができる軸受が「アンギュラ玉軸受」です。**図5.13**の（a）のように、鋼球に接触角をもたせた構造になっています。通常は2個並べて使用します［数百円〜］（同図（b））。

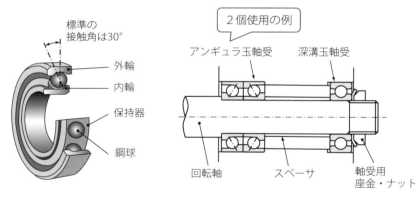

（a）アンギュラ玉軸受　　　（b）アンギュラ玉軸受と深溝玉軸受の使用例

図5.13　ラジアル＋スラスト方向の軸受

5.4 治具に便利な機械要素部品

❉ ショックアブソーバ

運動している対象物を停止させる際に、速いスピードでストッパに当てると、衝撃により跳ね返りが生じます。この場合に「ショックアブソーバ」を用いることで、衝撃をおさえてソフトに停止させることが可能です（図5.14）。

ばねを用いた構造がよく使われています［数千円〜］。

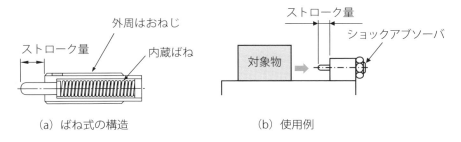

(a) ばね式の構造　　　　　　　　(b) 使用例

図5.14　ショックアブソーバ

❉ 圧縮コイルばね

力を加えると変形が起こり、力を除くと元に戻る弾性変形を利用した機械部品がばねです。「圧縮コイルばね」は、圧縮して縮めたときの復元力を利用します（図5.15）。ばねの強弱の度合いは「ばね定数」で表され、この数値が大きいほど、変形しにくい（硬い）ことを意味します。単位は「N/mm」です。

単位のニュートン表示Nは、9.8で割ると「kgf」に変換できます（覚えにくければ10で割っても誤差は2％なので、大局は問題ありません）。

$$圧縮力の大きさ(N) = ばね定数(N/mm) × たわみ量(mm)$$

最大のたわみ量は、メーカーカタログに記載されています。

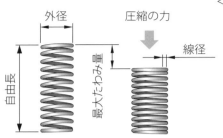

＜市販品の一例＞

外径φ14mm、線径φ1.0mm
自由長30mm、ばね定数0.5N/mm
最大たわみ量13mm

→ 5.0Nの力を加えると
　　5.0（N）／0.5（N/mm）＝10mmたわむ

→ 5mmたわますには
　　0.5（N/mm）× 5mm ＝ 2.5Nの力が必要

図5.15　圧縮コイルばね

❋ 引張りコイルばね

　圧縮コイルばねの反対で、引っ張った際に元に戻ろうとする復元力を利用したのが、「引張りコイルばね」です。引っ張りやすいように、ばねの両端はフック形状になっています（**図5.16**）。一点注意が必要なことは、圧縮コイルばねは力を加えた瞬間から変形が起こりますが、引張りコイルばねは一定以上の力を加えてはじめて変形が始まります。この一定の力を「初張力」（N/mm）といいます。

　　　引張り力の大きさ(N)＝(ばね定数(N/mm)×たわみ量(mm))＋初張力(N)

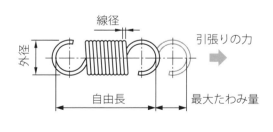

＜市販品の一例＞

外径φ12mm、線径φ1.8mm
自由長40mm、ばね定数8.6N/mm
最大たわみ量7mm、初張力23.5N

→ 50Nの力を加えると
　　（50－23.5）N／8.6（N／mm）
　　　　　　≒3.1mmたわむ

→ 5mmたわますには
　　23.5＋(8.6N/mm×5mm)
　　　　　＝66.5Nの力が必要

図5.16　引張りコイルばね

118

🌸 ばね手配のコツ

前ページの計算式でばねを選定しますが、ばね自体のバラツキや治具に組み込んだ際の摺動部の抵抗などにより、狙いの動きを得られないことが少なくありません。そこで手配する際には、計算したばねに加えて、ばね定数の前後の強めと弱めのばねを同時手配することをお奨めします。1個100～200円と安価なので同時に3個手配して、現物に合わせて最適な1個を選定します。

🌸 エキセンプレス

「エキセンプレス」は、ハンドルを回すとヘッドが上下する手回しプレスです。ハンドルはどちらにも回転させることができます（**図5.17**の**(a)**）。プレスの名称が付いていますが、板金の切断、折り曲げだけでなく、加圧や貼り付けなど、広く使用できる器具です［10万円～］。

🌸 レベルボルト

高さを調整したい場合や、傾いた台の上で水平を出したい場合には、「レベルボルト」が便利です（図5.17の**(b)**）。ねじ式なので、ねじ込み量で簡単に調整することができます［数百円～］。

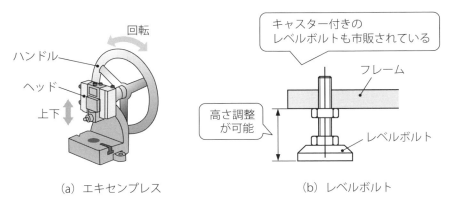

(a) エキセンプレス　　　　　(b) レベルボルト

図5.17　エキセンプレスとレベルボルト

5.5 測定の基礎

❋ 品質を保証するための測定

図面通りに加工や組み立て、調整がおこなえたかを測定によって確認します。図面には「狙い値」と「公差」が指示されています。50±0.05 mmの場合には、「50」が狙い値で「±0.05」が公差です。公差は許されるバラツキの範囲なので、この場合には49.95～50.05 mmが合格範囲になります。

❋ 長さの単位

長さの単位には多くの種類があります（図5.18）。身近に使われている「メートル」や、日本独自の尺貫法として「寸」や「尺」、また海外では「インチ」や「マイル」が用いられています。

工業製品では世界共通の国際単位系（SI）のメートルを基本として「センチメートル」「ミリメートル」「マイクロメートル」などの単位が使われています。なお図面の長さ単位は「ミリメートル」が採用されています。

	単 位		1m換算	
km	キロメートル	1,000	千倍	10^3
m	メートル	1	（基準）	（基準）
cm	センチメートル	0.01	百分の1	10^{-2}
mm	ミリメートル	0.001	千分の1	10^{-3}
μm	マイクロメートル	0.000001	百万分の1	10^{-6}

図5.18　長さの単位（SI単位系）

第 5 章 運動の案内と測定器

✻ 真の値と誤差

　どれだけ精密に測定しても、真の値と測定値にはズレ、すなわち誤差が生じます。そのため誤差をいかに小さくするかが、測定のポイントになります。

　誤差には「偶然誤差」と「系統誤差」があります。偶然誤差とは、管理できない偶然の誤差のことで、ホコリや異物の付着などに原因があります。これは測定回数を増やすことで影響を削減します。

　一方、系統誤差は一定の傾向をもつ誤差のことで、温度による伸び縮みや測定器の自体のズレなどが原因です。そのため測定温度の管理や、測定器自体の誤差をゼロに近付ける「校正」をおこないます。

✻ 20℃で測定

　材料は温度が上昇すると膨張します。膨張の度合いは材料の種類により異なり、「線膨張係数」で表されます。係数の数値が大きいほど、熱の影響を受けやすく伸びやすいことを意味します。

　たとえば鉄鋼材料の線膨張係数は「11.8×10^{-6}/℃」に対して、アルミニウム材料は「23.5×10^{-6}/℃」なので、アルミニウム材料は鉄鋼材料の2倍伸びやすいことがわかります。

　検査は20℃でおこなうことがJIS規格で定められています。精密部品を扱う検査室は20℃管理になっているのは、こうした理由です。熱膨張の詳細は、第7章で紹介します。

121

5.6 直接測定の測定器

❋ 直接測定と間接測定

「直接測定」は測定器の目盛りから直接寸法を読み取る測定方法です。一方、「間接測定」は、変位量を測ったり、別の基準と比較して寸法を測る方法です。目的に応じて双方を使いわけています（**図5.19**）。

測定器の種類		最小読取り値（一例）
直接測定	直尺・曲尺	0.5 mm
	ノギス	0.01 mm（デジタル） 0.05 mm（アナログ）
	マイクロメータ	0.001 mm（デジタル） 0.01 mm（アナログ）
	ハイトゲージ	0.01 mm（デジタル） 0.05 mm（アナログ）
	三次元測定器	0.0001 mm など
間接測定	ダイヤルゲージ	0.001〜0.01 mm
	すきまゲージ	0.03 mm
	限界栓ゲージ	―
	ブロックゲージ	―
	感熱紙	―

図5.19　主な長さの測定器

❋ 直尺と曲尺

「直尺」は「ちょうじゃく」と読み、「スケール」ともいいます。測定範囲は150 mmから長いものでは1メートル仕様もあります。よく使われているのは150 mmスケールで、価格は数百円と安い上に、作業着の胸のポケットにピッタリ収まるので、技術者や現場作業者が個人もちしているケースも多く見られ

ます。「曲尺」は「かねじゃく」と読み、90°のL形状のスケールです。直尺も曲尺も目盛りは「0.5 mm」単位です（**図5.20**）。

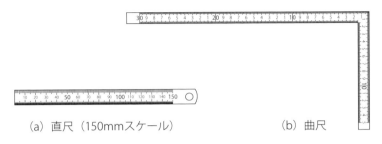

  （a）直尺（150mmスケール）   （b）曲尺

図5.20　直尺と曲尺

❈ ノギスの測定項目

　直尺よりも正確に測定できるのが「ノギス」です。アナログ式の最小目盛りは0.05 mm、デジタル式では0.01 mmです。測定範囲は広く、0〜200 mmの仕様が一般的で、長尺では1メートル仕様も市販されています。

　1本で「外側測定」「内側測定」「深さ測定」がおこなえる万能な測定器です［数千円〜］（**図5.21**）。

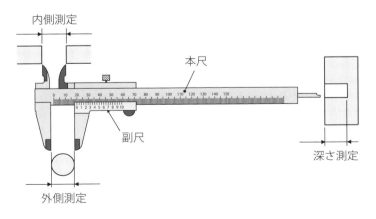

図5.21　ノギスの測定項目

❊ ノギスの目盛りの読み方

アナログ式は本尺と副尺から構成されています（図5.22）。本尺の1目盛りは1 mm、副尺は0.05 mmです。では、目盛りの読み方を紹介します。

1）本尺の目盛りを読む

副尺の目盛「0」が指す本尺の目盛りを読みます。図5.22では13 mmと14 mmの間を指しているので、小さい方の「13 mm」と読みます。

2）副尺の目盛りを読む

次に副尺の目盛りと本尺の目盛りがピタリと合っている線を探して、副尺の目盛りを読みます。同図では「3.5」の線に合っています。この数値を10で割って「0.35 mm」と読みます。

3）上記1）と2）の数値を足せば測定値になる

上記の13 mmと0.35 mmを足して「13.35 mm」が測定値になります。

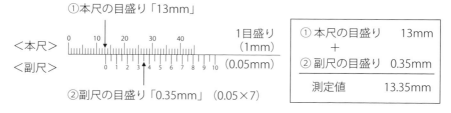

図5.22　ノギスの読み方

❊ マイクロメータ

ノギスよりも精密な測定には「マイクロメータ」を使用します（図5.23）。アナログ式の最小目盛りは0.01 mm、デジタル式は0.001 mmが一般的です。測定精度が高い反面、測定範囲は狭く25 mmが標準です。測定範囲が0〜100 mmの場合には、0〜25 mm用、25〜50 mm用、50〜75 mm用、75〜100 mm用の4つのマイクロメータが必要になります。

外側寸法を測るタイプが主流ですが、内側寸法を測る内側マイクロメータや深さを測るデプスマイクロメータもあります［数千円〜］。

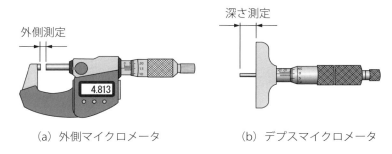

(a) 外側マイクロメータ　　　　(b) デプスマイクロメータ

図5.23　マイクロメータ

✿ハイトゲージ

　高さを測る測定器が「ハイトゲージ」です。対象物とハイトゲージの両方を定盤に置いて、測定子のスクライバを上下させて測定します（図5.24）。アナログ式の最小目盛りは0.02 mmや0.05 mm、デジタル式は0.01 mmです。測定できる最大高さは300 mmの仕様が一般的です。

　このハイトゲージは工具としてケガキをおこなうこともできます。スクライバの先端は超硬合金で、鋭利な形状になっています。必要な高さにスクライバを固定して、定盤上を滑らせながら、対象物に線を引きます。

　このケガキではスクライバ先端に金属粉が付着するので、測定器の用途と工具としての用途でわけることが大切です［1万円～］。

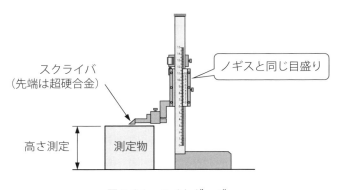

図5.24　ハイトゲージ

❋ 三次元測定器

　自動で測定する機器が「三次元測定器」です（**図 5.25**）。前後・左右・上下の三次元の寸法測定だけでなく、平面度や直角度といった幾何公差の測定に適しています。

　プローブと呼ばれる測定子を対象物に接触させる方式と、レーザ光を用いた非接触式があります。自動といっても手作業よりも測定スピードが速いわけではなく、測定精度の正確さを求める場合に有効です。

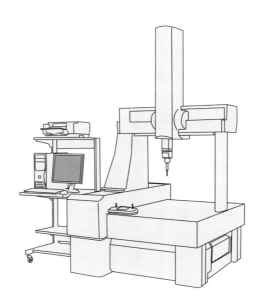

図 5.25　三次元測定器

5.7 間接測定の測定器

❋ ダイヤルゲージとテストインジケータ

対象物の寸法を測定するのではなく、変位量を測る測定器に「ダイヤルゲージ」と「テストインジケータ」があります（図5.26）。

工作機械の原点出しや、機械部品の位置調整に用います。測定子が対象物に触れると、変位量に比例して針が触れるので、その目盛りを読み取ります。1目盛りは0.001 mmや0.002 mm、0.005 mm、0.01 mmといったバリエーションがそろっています［数千円～］。

ダイヤルゲージは測定子が直動で動くのに対して、テストインジケータは回転方向に動きます。テストインジケータは「ピックテスト」や、略して「ピック」とも呼びます。これらの測定器は、マグネットスタンド（第3章の図3.17）に固定して使用します。

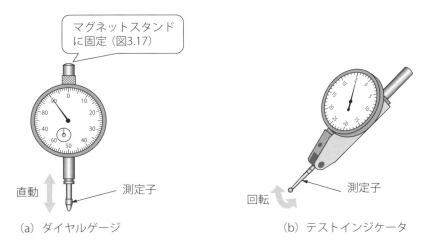

図 5.26　ダイヤルゲージとテストインジケータ

❋ ピンゲージ

「ピンゲージ」はピン形状で、鉄鋼材や超硬合金、セラミックスなど耐久性のある材料でつくられています（**図5.27**の**(a)**）。穴径の測定や工作機械の芯ぶれの測定、また溝幅測定などに使用します。

ピンゲージの直径は0.001 mm（1 μm）単位で選ぶことができる高精度な仕様のものも市販されています［1千円〜／本］。

❋ 限界栓ゲージ

穴径公差H7といった高精度な穴寸法を検査する際に、マイクロメータの測定では精密さが求められるために集中力が必要で時間も要します。検査では図面に指示された公差内に入っていることを検証すれば良いので、「限界栓ゲージ」を用いることで、検査効率が大幅に向上します（図5.27の**(b)**）。

限界栓ゲージは、両端が精密な直径寸法に仕上がっており、片側は穴径の過小を検査する「通り側」、もう片側は穴径の過大を検査する「止まり側」になっています。すなわち、栓ゲージを挿入した際に「通り側」は穴に入り、「止まり側」は入らなければ合格です。

一方「通り側」が入らなかったり、「止まり側」が入った場合には不合格なので、この際にはマイクロメータで寸法測定により数値化します［数千円〜］。

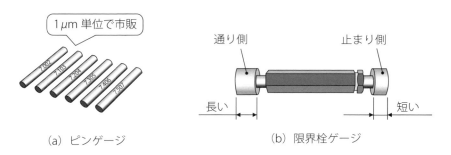

(a) ピンゲージ　　　　　　　　(b) 限界栓ゲージ

図5.27　ピンゲージと限界栓ゲージ

✿ すきまゲージ

厚みの異なる薄板を組み合わせた器具が「すきまゲージ」です。「シックネスゲージ」とも呼び、組み枚数にはいろいろなバリエーションがあります。9枚組の例は、0.03／0.04／0.05／0.06／0.07／0.08／0.10／0.15／0.20（mm）です。

ゲージの表面に厚み寸法が刻印されており、測定したいスキマにこのゲージを差し込んで使用します。複数枚重ねることで測定の範囲は広がります。たとえば0.11 mmが欲しいときには、0.05 mmと0.06 mmの2枚を合わせて使用します。ポケットにも入るコンパクトサイズです［1千円～］（図5.28）。

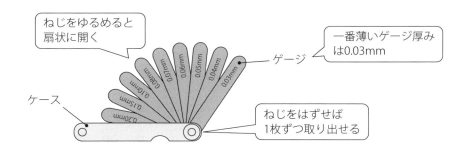

図 5.28　すきまゲージ

✿ ブロックゲージ

「ブロックゲージ」は測定器の中でもっとも精度良く仕上がっており、寸法測定の原器の位置付けになります。外形寸法は35 mm（もしくは30 mm）×9 mmで、呼び寸法は1～100 mmまでそろっています（図5.29の(a)）。

寸法精度が精密なだけではなく、表面はラッピングで研磨加工されており、平面度や平行度も超高精度に仕上がっています。材質には耐摩耗性のある合金工具鋼や超硬合金、熱膨張の少ないセラミックスが用いられています。

仕上がりの寸法精度によってJIS規格で4等級定められており、もっとも精度の高いK級が基準で、0級や1級は各測定器の校正用、1級や2級は検査用に

用いられています［数万円〜］。

このブロックゲージには、「リンギング」という不思議な現象が生じます。リンギングとは、平滑に仕上げられた面同士を接触させて90°回転させると完全に密着して、容易には離れない現象をいいます（同図(b)）。

手で引っ張っても、力一杯振っても離れませんが、ゆっくり90°元に戻せば、簡単にはずれます。一度現物で試してみてください。

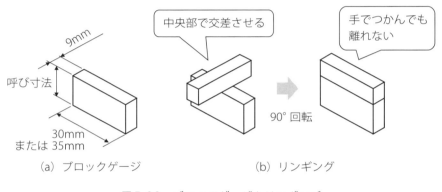

図5.29　ブロックゲージとリンギング

❋ 感圧紙

面と面との密着度を確認する際に、「感圧紙」を使う方法があります。測定したい面と面の間に、この感圧紙をはさんで押し付けると、力を受けた箇所が赤色に変色します。感圧紙の中に赤インクを含んだ微細なマイクロチップが入っており、力が加わると破れて発色するしくみです。

感圧紙全面がうっすらと赤く変色すれば、面同士が密着していることがわかります。密着度の数値化はできませんが、高いレベルでの検査が可能です。消耗品になります［2千円〜／A4サイズ］。

5.8 その他の測定器

❋ Vブロック

第2章でも紹介した「Vブロック」は、角度だけでなく平行度や直角度も高精度に仕上げられています（**図5.30**）。全長の長いものを両端で支えることができるように、2個セットの販売が一般的です［数千円〜／2個］。

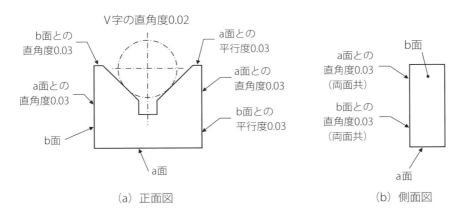

図5.30　Vブロック精度の例

❋ スコヤ

「スコヤ」は直角であることを確認したり、直角にケガキをおこなうときに使用します。いくつかの種類の中で一般的な「完全スコヤ」を紹介します（**図5.31**）。

先に解説した直角の曲尺と異なるのは、曲尺は1枚の板からつくられているのに対して、スコヤは長尺（スケール）を厚みのある部品ではさみ込んだ二体構造である点です。

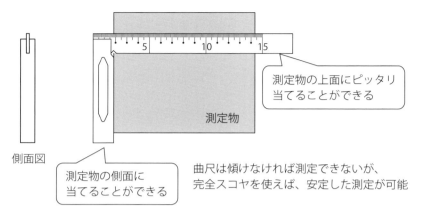

図 5.31　完全スコヤ

　剛性が高くたわみにくいので、曲尺よりも正確に測ることができます。厚みのある箇所に測定部を当てることで、測定の作業性も向上します［数千円〜］。

✽ イケール

　L型や4面型など直角をもった治具に「イケール」があります。重量があるので、スコヤと違って自立できることが特徴です。鋳物製と溶接製があり、剛性を高めるためにリブが入ったものもあります。100 mm 当たり 0.02 mm や 0.05 mm の直角度です［1万円〜］（図5.32）。

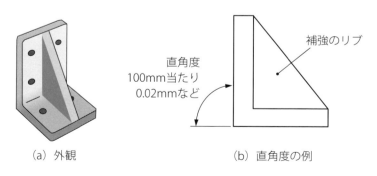

(a) 外観　　　　　　　　(b) 直角度の例

図 5.32　イケール

第 5 章 運動の案内と測定器

❇ パラレルブロック

第3章でも紹介した「パラレルブロック」は、平行や直角を確認したい場合に便利です（図3.15（c））。100 mm当たりの平行度0.002 mm、直角度0.01 mmといった高精度の仕様も市販されています。新たに設計製作するよりも、市販品はコストパフォーマンスに優れます［数千円〜／2個］。

❇ 水平器

対象物の水平を確認する測定器が「水平器」です。デジタル式やアナログ式がありますが、気泡管を用いたアナログ式がよく用いられています。気泡を液体に封入した構造です。

水平器を測定物に載せた際に、水平であれば気泡は気泡管の中心にきますが、少しでも傾いていると気泡は中心からずれるので、容易に水平を確認できます［数千円〜］（図5.33）。

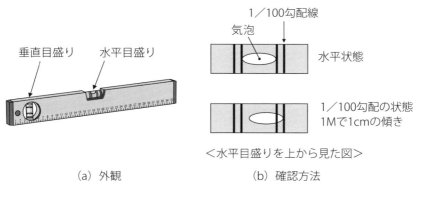

図5.33　水平器

コラム　アイデアはアナログで考える

　治具設計の手順は、①現場の課題を抽出して、②その原因を明らかにして、③課題を解決する治具の具体的なアイデアを考えます。ここでは③のアイデアを考えるコツを紹介します。

　一番大切なことは、既存の知識や情報を1つでも多く得ることです。なぜならば、アイデアは知識や情報の「組み合わせ」だからです。「組み合わせ」とは、足してみる、引いてみる、掛けてみるといったシンプルな作業です。だからこそ知識と情報を得ることが必要なのです。アイデアは何もないところから突拍子もない発想がでてくるのではありません。

　この知識や情報を身に付ける方法として、書籍や技術雑誌からの習得に加えて、展示会や工場見学に足を運ぶことが効果的です。最近ではうまく工夫された治具が多く市販されているので、特に展示会はお奨めです。知らなければ、使いようがないからです。

　知識や情報を組み合わせる作業は、ぜひアナログで考えてください。考えたことを「紙に手描き」がポイントです。いきなりCADの前に座って線を引くことはお奨めしません。「構想」がもっとも大事なので、ラフなポンチ絵でいいので、いくつも描いてみます。手を動かして描くことで、さらに新たなアイデアが浮かんでくるものです。

　考えに行き詰まったら、思い切って一旦他の仕事に切り替えるのも一手です。この間はムダなのではなく、頭の中でアイデアが熟成されている期間と考えましょう。そしてまた新規一転、考えを再開します。こうして納得できるアイデアが固まったら、そこでようやくCADの前に座って一気に図面を描きあげます。「アイデアはアナログ」で「作図はデジタル」が基本です。

第6章

作業性と段取り性

6.1 効率の良い作業手順と作業環境

❖ 治具作業に求められる要件

治具を使っての作業性や品種交換での段取りのしやすさが、生産効率に大きく影響します。この章ではこれらの作業を「いかに効率良くおこなうのか」について紹介します。その視点は「効率の良い作業手順」「最適な作業環境」「効率の良い治具構造」と、「ミスを防ぐポカヨケ」が大切な要件になります（**図6.1**）。

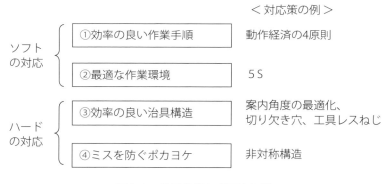

図6.1　治具作業に必要な要件

❖ 作業手順の標準化

モノづくり現場の使命は、第1章で紹介したQCDです。図面通りにつくる「製造品質」、1円でも安くつくる「製造原価」、あっという間につくる「生産期間」の3つになります。しかし、ほんの簡単な作業でも、作業者まかせにすると、思った以上に個人差がでてきます。機械と異なり人手作業のバラツキはやむを得ないものの、できる限りバラツキは少なくしたいものです。そのための方策の1つが、**効率の良い作業手順を「標準化する」**ことです。

❋ 動作経済の4原則を活かす

それでは、効率の良い作業手順をどのように考えれば良いのでしょうか。ここで有効な切り口が「動作経済の4原則」です（**図6.2**）。この原則の狙いは、動作のムダをなくすことです。具体策は「距離を短くする」「両手を同時に使う」「動作の数を減らす」「楽にする」の4つです。これらをキーワードにして、最適な作業手順を検討します。甲乙付けがたい良案が重なった場合には、実際に現場で試してみることが有効です。

ここからは4つの原則について紹介します。

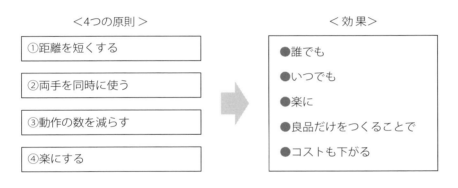

図6.2　動作経済の4原則

❋ 距離を短くする

モノを移動する際に、その距離をできる限り短くします。いくら移動させても、モノの価値は上がらないからです。

たとえば凸部品にカバー凹を組み込む作業があるとします。部品が入った2つの箱はできる限り作業者の近くに置きます。多段ラックに収納された箱から取り出す場合にも、低い段にはよく使う箱を、高い段には使う頻度の少ない箱を置くといった工夫も効果的です。

工具置き場や治具置き場も、作業台からできる限り近い位置に置きます。距離を短くすることで、運搬のムダをなくします。

両手を同時に使う

先の凸凹部品の組み立てを、自由に作業してもらうと、片手で取り出して片手で組み付けるケースがでてきます。もう片方の手を遊ばせておくのはもったいない。そこで両手を同時に使って作業します。人のカラダは対称なので、両手の動きも箱の置き場も対称形にするのが理想です。

動作の数を減らす

たとえば一度つかんだものをつかみ直すといった作業は、動作のムダになります。一度つかんだら、作業が終わるまで離さないのが鉄則です。

動作はほんの小さなことも改善のネタになります。まぶしいので「目を細める」、音がうるさくて「気になる」、角で手を切りそうなので「注意する」といった小さな動作も改善の対象です。これらの価値を生まない動作を徹底的になくす工夫をすることで、QCDのすべてに効果をもたらします。

楽にする

楽に作業ができると、自然とリズムができてきます。リズムができれば、スピードが上がり、ミスも減ります。この結果、製造原価は下がり、疲れも最小限に抑えることができます。

楽に作業できることは、まさに良いことづくめです。

作業標準書にまとめる

議論して決めた作業手順は、アルバイトや派遣社員の方にもわかる文章で「作業標準書」にまとめます。フォーマットは独自に作成すれば良いのですが、世間ですでに使われているものも参考になります。「作業標準書」をインターネット検索すると多くのフォーマットがヒットします。

一方、手順を詳しく記すほど文章が長くなり、読みにくい、理解しにくいといった問題が出てきます。そこで客観的に把握できるイラストや動画を用いることも、1つの有効な手段です。

❈ 教育と訓練

作業標準書が完成すれば、この内容を作業者に伝えます。この際に大切なことは「教育」と「訓練」です。**教育とは、知らないことを新たに伝えること。訓練とは、実際にできるようになるまで指導すること**です。

まずは作業者に作業標準書の手順を解説してから実際の動きを見てもらいます。これが教育です。次に作業者本人にやってもらいます。最初は慣れていないために手間取りますが、時間がかかっても良いので手順通りに作業することを徹底してもらいます。これが訓練です。しばらく続けると習熟効果が出て、スピードも自然に上がってきます。

❈ 現場での作業改善

作業標準書通りに作業をおこなう中で、作業者にはより楽に作業できるための改善提案を出してもらいます。出された提案はすぐに試してみて、結果が良ければ作業標準書を改訂して、すべての作業者に水平展開します（**図6.3**）。

効果が出なかった場合は、元に戻せば良いだけです。スピード感をもって実践することが有効です。

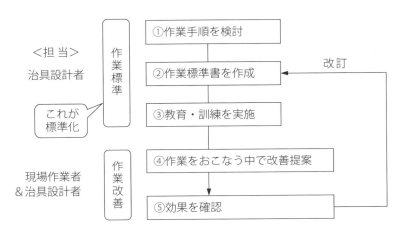

図6.3　作業標準と作業改善の手順

❖ 整理・整頓・清掃の大切さ

業種を問わず、多くの現場で「5Sの徹底」や「3S推進」といった貼り紙を見かけます。これは現場の基礎だからです。「整理」「整頓」「清掃」「清潔」「しつけ」の頭文字のSが5つで「5S」といいます（**図6.4**）。特に最初の3つが重要なので、「3S」ともいわれます。**これにより最適な作業環境をつくります。**

「整理」は、必要なモノと不要なモノにわけて、不要なモノは廃棄もしくは売却します。この整理が完了すると、必要なモノだけがそろっている状態になります。

次の「整頓」では、もっとも使いやすいところにモノの置き場所を決めます。対象物と置き場所の双方に番地を付けることによって、誰がいつどこで使用しても、必ず同じ場所に戻すことができます。番地を決めておかなければ、すぐに置き場所が変わってしまい、探すというムダが生じてしまいます。

3つ目の「清掃」は、文字通りそうじのことです。現場はホコリやチリが舞っています。これらが製品や材料、治具に付着しないように、清掃をおこないます。品質を維持するだけでなく、モノを大事に扱う姿勢を習慣付けます。

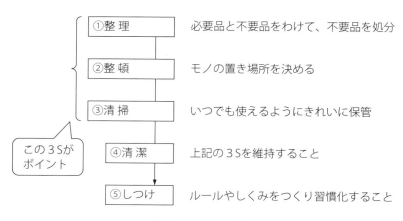

図6.4　5Sの意味

第 6 章 作業性と段取り性

✿ 整理のコツ

　5Sの中で一番難しいのは最初の「整理」です。必要か不要かの判断に迷うことが少なくないからです。迷うと、結局は残しておくことになってしまいます。また何人かで一緒に整理した際に、多くのメンバーが不要と判断する中で1人でも必要と考えれば、これも残しておくことになりがちです。**その原因は、必要品と不要品の定義付けができていないこと**にあります。

　そこで、満場一致で判断できる基準を紹介します。不要品の基準を、過去と将来の2つの時間軸で判断します。過去については「この1年間に1回も使用したことがなく」、将来については「いまから3か月以内に使用する予定がない」の2つを同時に満たすものを不要品と判断します。これで判断に迷うことはなくなります。

　また、不要品と判断されたモノの中には、財務上で「資産」に分類されたモノも含まれます。現場作業者は、不要品を分類することはできますが、資産を処分する権限はないので、処分については管理職が責任をもつ必要があります（**図6.5**）。

---

①不要品の「判断基準」を決めること

　　たとえば、
　　「過去1年間に1回も使ったことがなく」かつ
　　「今後3か月以内に使う予定がないモノ」を不要品とする

②廃棄の責任は管理職がもつこと

　　作業者は不要品をわけることはできるが、廃棄する権限はないので、
　　工場長や製造部長が廃棄の責任をもつことが必須

図6.5　整理のポイント

141

6.2 作業性の良い治具構造とミスを防ぐポカヨケ

誘導のテーパ角度は15°

ここからはハード面の対応例として、作業性の良い治具構造を紹介します。凹形状の部品に凸形状の部品をはめ込む場合や、穴に軸を挿入する場合には、入り口に誘導するためのテーパを付けます。このテーパ角度は作業のしやすさに直結します。まず45°すなわちC面取りは、あまり意味がありません。45°では角度がキツイので、そのまま押し込むことができません。中心方向にずらしてから押し込むことになり、動作が2段階になってしまいます。

理想のテーパ角度は15°です（**図6.6の（a）**）。角度が浅いのでテーパに当たってもそのまま押し込むことができ、動作が1回で済みます。しかし角度を浅くするほどストレート部の長さは短くなるので、15°の角度が難しい場合には30°にします。

誘導するための角度は「15°がベスト、30°がベター」が設計のコツです。

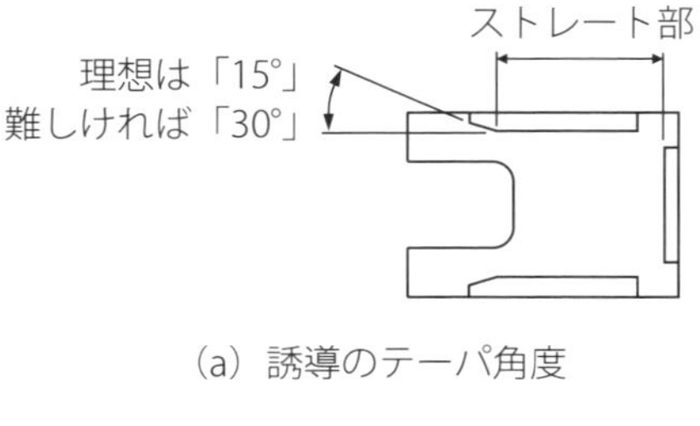

（a）誘導のテーパ角度

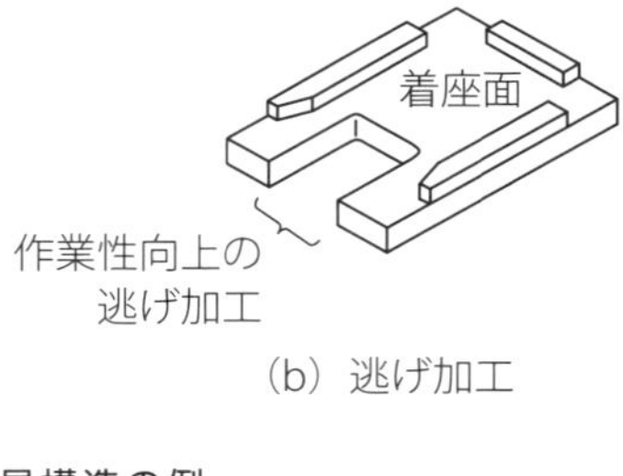

（b）逃げ加工

図6.6　作業性の良い治具構造の例

第6章 作業性と段取り性

✤ 逃げ加工

　パレットを位置決めする場合には、着座面に指の干渉をなくすための逃げ加工がお奨めです（図6.6の **(b)**）。パレットを差し込む際に、パレットの下に回した指が着座面に干渉するので、パレット先端を着座面に載せてから、パレット上面に手を添え直して押し込むことになります。すなわち2つの動作が必要です。このとき、コの字形状の逃げ加工があれば、パレットをつかんだまま差し込むことができ、動作は1つで済みます。

　この短縮効果は1回当たり1～2秒と小さいものの、現場ではこの作業を何百回、何千回と繰り返します。楽に作業できることは、生産性を高める必須条件です。

✤ その他の作業性改善

　他の章で紹介した作業性の改善項目を備忘記録としてあげておきます。なお、ねじによる作業改善は、この章の最後に紹介します。

　・調整方式のねじは細目ねじかマイクロメータヘッド採用（第2章 図2.20）
　・ピンの長さは短め、高さに差をつける（第2章 図2.27、2.28）
　・ボールプランジャによる押し込み（第3章 図3.14）
　・着脱の容易性（第3章 図3.26）

✤ 人はミスをしてしまうことが前提

　どんなに責任感があっても、どんなにやる気があっても **「人はミスをしてしまう」ことが作業設計の前提条件** になります。そうしなければ、気を付けてさえいれば良いことになり、対策が精神論になってしまうからです。

　そこで、うっかりしたミスを防ぐ策として、ソフト面では先に解説した「効率の良い作業手順」と「5Sによる最適な作業環境」を、ハード面では「ポカヨケ」があげられます。**ポカヨケは作業ミスを防ぐ「しくみ」** のことで、「フールプルーフ」ともいい、うっかりしたポカミスの全廃を狙います。身近にもこのポカヨケは多く採用されています。

143

- カバーが閉じていなければ作動しない洗濯機
- 間違った向きでは挿入できないUSB端子
- シートベルトを忘れるとシグナル音で警告する自動車

ポカヨケは非対称形が基本

治具設計では、位置決め対象物をセットするときに、向きや表裏の間違いを避けるためのポカヨケが有効です（図6.7）。このときのコツは「非対称」に設計することです。対称形では間違った向きでもセットできてしまうからです。

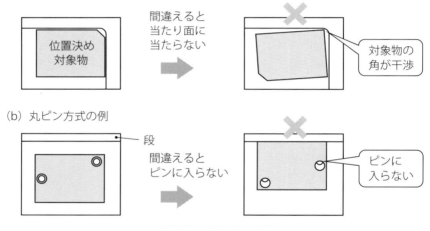

図6.7　ポカヨケの例

フェールセーフ

治具には直接関係しませんが「人はミスをする」のと同じく、「機械はトラブルが起こる」ことが機械設計の前提条件になります。誤操作や誤動作がおこった場合に安全側に作動する設計をおこないます。これを「フェールセーフ」といいます。身近な家電製品にも採用されています。

- 転倒すると自動消火する灯油ファンヒーター
- 高熱になるとヒューズが切れるドライヤー
- 地震が発生すれば緊急停止する列車

第6章 作業性と段取り性

6.3 段取り改善

❋ 外段取りと内段取り

段取りとは、品種を変更する際の切り替え作業のことです。この段取りは「容易かつ短時間」でおこなえることが大切で、外段取りと内段取りにわかれます。

- 外段取りとは、生産を止めずに、生産中におこなう段取りのこと
- 内段取りとは、生産を止めておこなう段取りのこと

❋ 段取り改善の優先度

段取り改善の取り組みは、**「内段取りの外段取り化」が最優先**で、その次が「内段取りの時間短縮」と「外段取りの時間短縮」です（**図6.8**）。

生産を止めれば、停止分の時間がロスとなり、生産量も減少します。そこで、極力生産を止めずに準備することに注力します。一番の理想はすべて外段取りにすることですが、実際は何らかの内段取り作業が発生します。

外段取り化を進めた上で、次のステップとして、内段取り作業と外段取り作業を容易におこなえる改善に取り組みます。

優先度	段取り改善	対応例
1	「内段取り」の「外段取り」化	事前準備
2	「内段取り」の時間短縮 「外段取り」の時間短縮	動作経済の4原則など

図6.8　外段取りと内段取り

❈ 外段取り

内段取りの外段取り化は、特に工作機械や設備に有効です。稼働している間に、次に流す品種の準備をおこないます。たとえば多数の部品交換に時間を要している場合には、取り付けプレートを2枚用意して、機械が稼働中に次の部品を外段取りで準備しておき、内段取りはプレートを交換するだけにすれば、機械の停止時間は大幅に削減することができるといった改善です。

一方、組み立てや調整といった作業者自身がおこなう場合には、作業と準備を同時におこなうことは難しいと思います。それでも外段取りの意識をもち、手待ちになった際に、次の準備をおこなえれば効果的です。また材料供給の運搬担当者に、材料と一緒に次に使用する治具をもってきてもらうことができれば、作業効率が上がります。

❈ 内段取り

多品種に対応する場合は、部品の交換や位置調整が多いと思います。そこで、これらの作業をいかに容易におこなえるかがポイントになります。

部品交換の場合は第2章でも紹介したスペーサ方式が有効です。品種ごとにスペーサを入れ替えることで対応します。スペーサを間違えないように品番をわかりやすく明記したり、一目でわかるように色付けすることも一案です。また、先に紹介したようにポカヨケにより挿入ミスを防ぎます。

作業方法に関しては、動作経済の4原則が改善のヒントになります。

❈ ねじは改善の宝庫

交換部品のスペーサ着脱に使用するねじは、改善ネタの宝庫です。その一例を紹介します。

1）ねじは工具不要なローレットねじや蝶ボルトを用いる

工具を準備する手間や、工具を扱う作業を全廃できることにより、作業性が大きく向上します。

2）ねじ穴は切り欠き穴にする

通常のねじ固定は「きり穴（丸穴）」で良いのですが、取りはずしをおこなう場合には「切り欠き穴」が便利です。M5ねじで固定しているスペーサをはずす作業で比較してみましょう（図6.9）。

M5ねじのねじ込み深さは最低5 mmで、ねじピッチは0.8 mmなので、6回転以上回さなければねじははずれません。これを切り欠き穴にしておけば、半回転回せばはずすことができる上に、ねじは差し込まれたままなので紛失するリスクもありません。

スペーサがアルミニウムなどの軟らかい材料の場合には、キズ防止のために平座金を使用します。そうするとスペーサをはずした際に平座金が落下するので、平座金の下に圧縮ばねを入れておくことで落下を防ぎます。

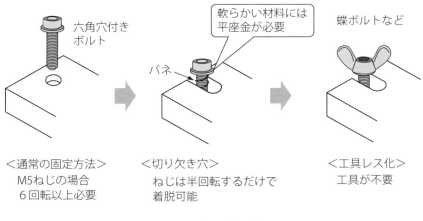

図6.9　切り欠き穴

3）ねじの本数を減らす

ねじ固定の場合、ねじは4本使用することが定石となっていますが、力がかからない場合であれば半分の2本で十分です。これはねじの購入費用が半分になることのメリット以上に、ねじ加工の工数半減や、ねじの着脱回数を半減できる効果が大きく見込めます。

4) カバーの着脱にはダルマ穴

　安全面の確保や粉塵、油の飛散を防止するにはカバーが有効です。このカバーを時々はずす場合には、固定穴を丸穴ではなく「ダルマ穴」にすると便利です。

　ダルマ穴は、ダルマのように大小2つの穴を重ねた二重穴です。大きめの穴径は固定するねじのねじ頭の外径よりも大きく、小さめの穴径はねじ径に合わせた大きさにします（**図6.10**）。

　使い方は、事前にねじをゆるく締めておきます。そこにダルマ穴の大きい方の穴を合わせてから、カバーをずらすと小さめの穴にねじがはまります。ここでねじを締め込みます。

　このダルマ穴のメリットは、ねじを半回転ゆるめるだけで、はずすことができる上に、ねじの紛失リスクもなくなります。また大きいカバーでも、1人で楽に取り外しができます。

(a) ダルマ穴形状

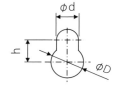

ダルマ穴寸法の目安　　　（単位mm）

	M3	M4	M5	M6
φd	4	5	6	7
φD	10	12	14	16
h	8	10	11	12

(b) ダルマ穴の使用例

図6.10　ダルマ穴の使い方

7.1 頑丈な設計のコツ

❋ 変形のしにくさ

　頑丈さが欲しい場合には、大きな力が加わっても変形がゼロであることが理想ですが、どの材料も力が加われば少なからず変形が生じます。

　変形のしにくさを「剛性」といい、曲げに対する剛性は「材料の種類」と「断面の形状」で決まります。前者の材料による曲げにくさは「縦弾性係数」、後者の断面形状による曲げにくさは「断面二次モーメント」で数値化されます（図7.1）。

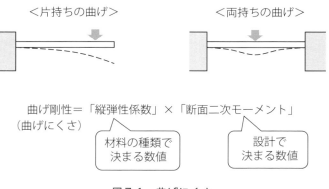

図7.1　曲げにくさ

❋ 材料による変形のしにくさ

　縦弾性係数の数値が大きいほど、変形しにくい材料になります。この係数は鉄鋼材料、アルミニウム材料、銅材料といった大分類で決まります。すなわちSS400やS45Cといった安価な炭素鋼も、ステンレス鋼やクロモリ鋼といった高価な合金鋼も、縦弾性係数は同じです。鉄鋼材料の縦弾性係数は「$206×10^3 N/mm^2$」で、アルミニウム材料は「$71×10^3 N/mm^2$」なので、同じ大きさ

の力が加わると、アルミニウム材料は鉄鋼材料よりも3倍大きく変形することがわかります。

❋ 断面形状による変形のしにくさ

断面形状でも変形の度合いをコントロールすることができます。たとえば文房具の下敷きに上から力を加えるとき、横向きでは簡単にたわみますが、縦向きにもつとビクともしません。これは断面形状が異なるためで、断面二次モーメントで表すことができます。

幅bで厚さhの角形状の断面二次モーメントは「$bh^3/12$」になります。この数値が大きいほど、変形しにくい形状であることを意味します。

たとえば下敷きの寸法が、幅100 mmで厚さ1 mmとすると、横向きの断面二次モーメントは「$bh^3/12$」から「$100\,\text{mm} \times (1\,\text{mm})^3/12 ≒ 8.3\,\text{mm}^4$」ですが、縦向きでは「$1\,\text{mm} \times (100\,\text{mm})^3/12 ≒ 83,333\,\text{mm}^4$」となります。この比率は約「1：10000」です。

すなわち同じ材料で同じ寸法でも、向きを変えるだけで、変形量を1万分の1にできることを意味します（**図7.2**）。

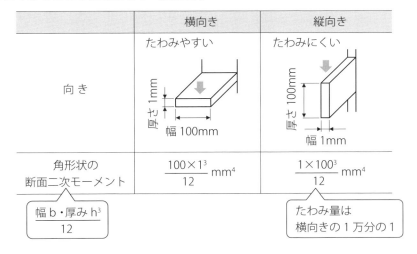

図7.2　たわみ量の違い

このように断面二次モーメントを使えば、簡単に頑丈さを向上させることが可能になります。「$bh^3/12$」の角形状では、幅を2倍にすれば変形量は2分の1ですが、厚さを2倍すると2の三乗の8倍になるので変形量は8分の1になります（図7.3）。すなわち、同じ2倍にするならば厚さを2倍する方が圧倒的に効果的なことがわかります。以上のように**変形を少なくするには、材料の選定よりも、断面形状を工夫する方が大きい効果が期待できます。**

断面形状	断面二次モーメント	断面形状	断面二次モーメント
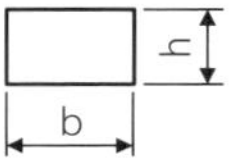 b, h	$\dfrac{bh^3}{12}$	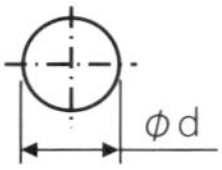 ϕd	$\dfrac{\pi}{64}d^4$
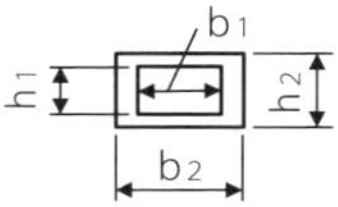 b_1, h_2, b_2, h_1	$\dfrac{1}{12}(b_2h_2{}^3 - b_1h_1{}^3)$	 内径ϕd_1 外径ϕd_2	$\dfrac{\pi}{64}(d_2{}^4 - d_1{}^4)$

図7.3　形状による断面二次モーメント

❋ 降伏点と引張り強さとは

　材料の特性表を見ると、先に紹介した縦弾性係数とともに、「降伏点」と「引張り強さ」が記載されています。治具設計でこの指標を使うことは少ないと思いますが、材料の基礎知識なので参考までに紹介します（図7.4）。

　材料に力が加わると変形を生じますが、小さな力の場合には、力を除けば変形は元に戻ります。これを「弾性変形」といいます。これよりも大きな力が加わると、力を除いても変形は元に戻らず、ひずみとして残ったままになります。これを「塑性（そせい）変形」といい、さらに大きな力を加えると材料は「破断」します。すなわち力を加えるに従って「弾性変形→塑性変形→破断」と変化します。この弾性変形の上限の力の大きさが「降伏点」で、破壊に至る力の大きさが「引張り強さ」になります。治具部品や機械部品は、弾性変形内すなわち降伏点以下で使用することが前提です。

152

第 7 章 設計のコツ

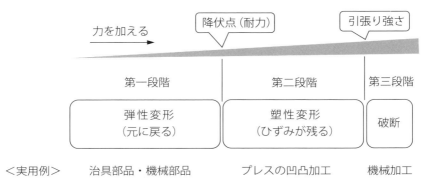

図7.4　弾性変形・塑性変形・破断

　主な材料の特性を**図7.5**で紹介します。たとえば汎用材の鉄鋼材料SS400の降伏点は245N/mm²です。ニュートンN表示を9.8で割ってkgfに変換すると、「245N/mm² = 25 kgf/mm²」になります。1mm角では実感がわきにくいので、1cm角に変換すると、「25 kgf/mm² = 2500 kgf/cm²」になります。すなわち1cm角に2500 kgfまでは、弾性変形内で使用することができます。正確には安全率を見込む必要がありますが、通常の使用においてはこれほど大きな力が加わることはないので、降伏点を検証する必要はありません。

分類	品種例	剛性（変形のしにくさ）縦弾性係数 ×10³N/mm²	強度（耐えられる力の大きさ）降伏点（耐力）N/mm²	引張り強さ N/mm²
鉄鋼材料	SS400	206	245	400
アルミニウム合金	A5052	71	215	260
銅合金（真ちゅう）	C2600	103	−	355

降伏点（耐力）：弾性変形の限界値
引張り強さ：破断する力の大きさ

図7.5　主な材料の強さの性質

7.2 材料の重さと熱による影響

❋ 重さを表す密度

質量を体積で割った数値が密度です。水は1cm角が1gなので、密度は1g/cm³になります。軽さを求める場合には、密度の小さな材料を選択します。鉄鋼材料は7.87g/cm³で、アルミニウム材料は2.70g/cm³なので、同じ大きさであれば「アルミニウム材料は鉄鋼材料の3分の1の軽さ」になります。これは覚えておくと便利な数値です。

❋ 熱による伸び

どの材料も熱が加わると膨張します。鉄道の線路や橋けたのつなぎ目にスキマがあいているのは、暑い夏の膨張を吸収するためです。生産現場の温度差は冬場には20℃を超えるので、高い寸法精度が求められる場合には、熱膨張への考慮が必要です。

この熱膨張の度合いは材料ごとに決まっており、「線膨張係数」で表されます。この係数の数値が大きいほど伸びやすい性質をもっています。

伸び量は「線膨張係数」に「元の長さ」と「上昇温度」を掛けることで、容易に求めることができます（**図7.6**）。

　　　　伸び量＝線膨張係数×元の長さ×上昇温度

たとえば、長さ200mmの鉄鋼材料が10℃上昇すると、鉄鋼材料の線膨張係数「$11.8×10^{-6}$/℃」より、以下のようになります。

　　　　伸び量＝$11.8×10^{-6}$/℃×200mm×10℃＝0.0236mm

なおアルミニウム材料は「$23.5×10^{-6}$/℃」なので、鉄鋼材料との比率はおおよそ2です。すなわち同じ条件であれば「アルミニウム材料は鉄鋼材料の約2倍伸びる」ことになります。

第 7 章 設計のコツ

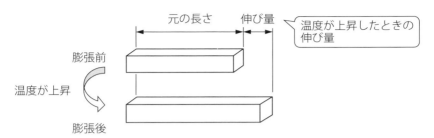

図7.6　熱による伸び

✲熱の伝わるスピード

熱が高温側から低温側に伝わる現象が熱伝導です。伝わるスピードは材料ごとに決まっており「熱伝導率」で表します。この係数が大きいほど熱を伝えやすい性質です。鉄鋼材料の熱伝導率は80W／（m・k）で、アルミニウム材料は237W／（m・k）なので「アルミニウム材料は鉄鋼材料の3倍熱を伝えやすい」ことがわかります（図7.7）。放熱したい場合には、熱伝導率の高い材料を、保温したい場合には低い材料を選択します。

分類	材料の種類	密度 g/cm³	線膨張係数 ×10⁻⁶/℃	熱伝導率 W/（m・K）
金属	鉄	7.87	11.8	80
	アルミニウム	2.70	23.5	237
	銅	8.92	18.3	398
非金属	ポリエチレン	0.96	180	約0.4
	コンクリート	2.4	7〜13	約1
	ガラス	2.5	9	約1

数値が大きいほど　重い　伸びやすい　伝えやすい

図7.7　主な材料の重さと熱に対する性質

7.3 はめあい公差のコツ

❈ なぜはめあい公差は2行で表すのか

寸法公差は「50±0.2」のように、「±」で表記することが一般的です。それに対してはめあいでは、2行で公差をあらわします。ここでは印刷の制約上1行表記なので、2行公差を「+0.2／+0.1」のように上限／下限で表すことにします。

それでは、凹凸のはめあい例で見てみましょう。狙い値を50として、凹の公差を「+0.2／+0.1」、凸の公差を「0／-0.2」と2行表示すれば、この凹凸をはめあわせたときの**最大スキマと最小スキマが瞬時にわかることがメリット**です（図7.8）。

スキマが最大になるのは、上限値で加工された凹部品と、下限値で加工された凸部品を組み合わせた場合です。すなわち凹の上限値「+0.2」と凸の下限値「-0.2」の組み合わせなので、その差は0.4です。これが最大スキマです。

スキマが最小になるのは、下限値で加工された凹部品と、上限値で加工された凸部品を組み合わせた場合です。すなわち凹の下限値「+0.1」と凸の上限

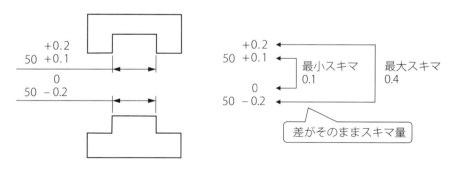

図7.8 はめあい公差の2行表示の利点

値「0」の組み合わせなので、その差は0.1になります。これが最小スキマです。

このように公差を2行で表示すれば、簡単にスキマ量がわかります。

もう1つの利点は、スキマ量を修正したい場合です。この例で最大スキマを0.4から0.3にしたいならば、凸の下限値を0.1大きくすれば良いので、公差を「0／−0.2」から「0／−0.1」に修正すれば即座に解決します。

❋ はめあいを±で表記した場合の問題点

それでは、先の例で凹凸を「±」で表してみましょう（図7.9）。凹の「50＋0.2／＋0.1」は上限値50.2、下限値50.1です。中心値は50.15なので「50.15 ± 0.05」になります。凸の「50 0／−0.2」は上限値50.0、下限値49.8です。中心値は49.9なので「49.9 ± 0.1」になります。

この凹「50.15 ± 0.05」と凸「49.9 ± 0.1」を組み合わせた際の、最大スキマと最小スキマを求めるには、少々面倒な計算をしなければなりません。

また最大スキマ0.4を0.3に修正したい場合に、たとえば凸の狙い値49.9に0.1を加えて「50.0 ± 0.1」とすれば解決するように思えますが、これでは最大スキマは確かに0.3になりますが、最小スキマはゼロになってしまいます。

このように、はめあいにおいて「±」表示では最適な寸法を見出すことは簡単ではありません。そのため公差を2行で表示しています。

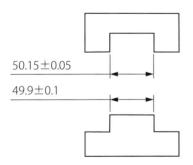

問題1）スキマ量の計算に時間がかかる
　　　　凹凸の各最大値と最小値を出してから、引き算しなければならない

問題2）スキマ量の修正が面倒
　　　　この最大スキマ 0.4 を 0.3 に修正するのは狙い値と公差の両方を変更しなければならず、簡単に答えができない

図7.9　はめあい公差の1行表示の問題点

7.4 標準化を進めるコツ

標準化の利点

標準化は、ルールを事前に決めておくことで、効率良く進めることを狙いとしています。治具設計の標準化は、「材料の種類」「材料の寸法」「表面処理」「ねじ加工の寸法」「はめあい公差」「標準寸法」の6つが効果的です（図7.10）。これらを標準化することで、設計時間の短縮と加工時間の短縮および品質の向上を狙います。

標準化に正解はありませんが、これから皆さんが検討する上での参考例を紹介します。これを叩き台にして最適な標準化を進めてください。

①材料の種類	材料の絞り込み	④ねじ加工の寸法	きり穴径や深座ぐり寸法の統一
②材料の寸法	市販寸法に合わせた設計	⑤はめあい公差	すきまばめとしまりばめの公差統一
③表面処理	表面処理の絞り込み	⑥標準寸法	JIS規格の標準数を活用

図7.10　治具設計の標準化例

鉄鋼材料の大分類

材料の標準化を紹介する上で、よく使用する鉄鋼材料の分類を見ておきましょう。鉄鋼材料は大きく「炭素鋼」「合金鋼」「鋳鉄」にわかれます。炭素鋼はSS400やS45Cのようにもっともよく使われる汎用材です。汎用材のメリットは「安くて」「形状が豊富で」「寸法のバリエーションがそろっていて」「即納」なことです。

第 7 章 設計のコツ

一方、ステンレス鋼やクロモリ鋼などの合金鋼は、炭素鋼にクロムやニッケル、モリブデンなどを加えることで、強さや化学的性質に優れた性質をもっています。高価なため、炭素鋼で解決できない場合に使用します。また鋳鉄は溶かして形をつくる鋳物に使用する材料です。

❋ 炭素量と JIS 規格の品種

鉄100％の純鉄は、軟らかすぎて実用には向きません。そのため炭素を加えることで強さをコントロールしています。炭素の含有量が増えるほど硬くなります。炭素量が0〜0.02％は「純鉄」、0.02〜0.3％は「軟鋼」、0.3〜2.1％は「硬鋼」、2.1％〜6.7％は「鋳鉄」に分類されます。

この炭素量に対して、市販されている炭素鋼のJIS規格を図7.11にまとめました。炭素量の少ない順に、SPC材（SPCCなど）は0.1％以下、SS材（SS400など）は0.1〜0.3％、S-C材（S45Cなど）は0.1〜0.6％、SK材（SK95など）は0.6〜1.5％、鋳物に使う鋳鉄（FC材）は2.1〜4％に設定されています。

次に炭素鋼の代表的な品種を紹介します。

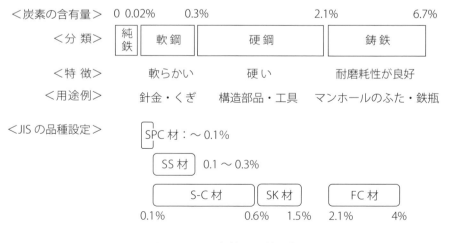

図7.11　JIS規格の品種設定

❀ SPCC（冷間圧延鋼板）

「エス・ピー・シー・シー」と呼び、薄板に使用する材料です。表面はなめらかなミガキ材で、1.0 mm／1.2 mm／1.6 mm／2.0 mm／2.3 mm／3.2 mmから選択します。

カバーや部品を取り付けるブラケットに適しています。平板のまま使用したり、曲げ加工をして用います。

❀ SS400（一般構造用圧延鋼板）

「エス・エス・ヨンヒャク」と呼び、もっともよく使われている鉄鋼材料です。SS400の400は引張り強さ400N／mm^{2}を意味します。JIS規格では成分規定のない安価な材料で、できるだけ表面をそのまま使います。大きく削ると加工時に反りが発生するリスクがあるためです。

ただし加工反りは、材料1点ごとに異なるため削ってみなければわからないのが、加工者泣かせな点です。表面を大きく削る際には、加工反りの対応として焼なまし材や、次に紹介するS45Cを使用します。

また溶接に適する反面、熱処理の焼入れ・焼戻しはできません。

❀ S45C（機械構造用炭素鋼鋼材）

先のSS400についでよく使われる鉄鋼材料です。「エス・ヨンゴー・シー」と呼びます。S45Cの45は炭素の含有量0.45％を意味します。JIS規格で成分の規格が決まっており、価格はSS400よりも1〜2割ほど高めです。S-C材の中では、S45CやS50Cがよく使われています。焼入れ・焼戻しが可能です。

❀ SK95（炭素工具鋼鋼材）

「エス・ケー・キューゴー」と呼び、炭素の含有量が0.95％の材料です。炭素を多く含むため、硬く耐摩耗性に優れています。

焼入れ・焼戻しをおこなうと、さらに硬さと粘り強さが増します。当たり部品や摩耗が生じる部品に適しています。

鉄鋼材料の標準化

鉄鋼材料の特徴を活かした標準化の例を紹介します。

①構造部品で材料表面の加工が少ない場合や、溶接をおこなう場合には「SS400」を選択

②構造部品で材料表面を大きく加工する場合や、焼入れ・焼戻しする場合には「S45C」を選択

③薄板には「SPCC」を選択

④耐摩耗性が必要な場合には「SK95」を生材か、焼入れ・焼戻しで使用

炭素鋼の市販形状と寸法

ここまで紹介してきた炭素鋼には、多くの形状と寸法のバリエーションがそろっています（図7.12）。ただし材料商社によって取扱いの品種が異なるので、自社と取り引きのある商社から流通性の良い品種の情報を入手してください。

この際に黒さびで覆われた「黒皮材」ではなく、表面がきれいな「ミガキ材」の寸法情報も入手して、設計する部品の外形寸法をこの市販寸法に合わせることで、加工を減らします（図7.13）。

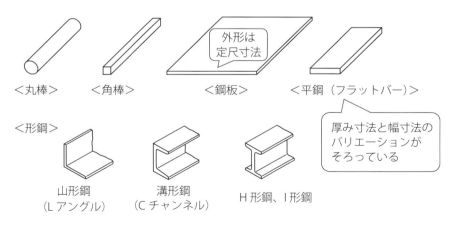

図7.12　市販品の各種形状

（単位 mm）

厚＼幅	9	12	16	19	22	25	32	38	50	75	100	125	150
3	●	●	●	●	●	●	●	●	●				
4.5	●	●	●	●	●	●	●	●	●				
6	●	●	●	●	●	●	●	●	●	●	●		
9		●	●	●	●	●	●	●	●	●	●	●	●
12			●	●	●	●	●	●	●	●	●	●	●
16			●	●	●	●	●	●	●	●	●	●	●
19					●	●	●	●	●	●	●	●	●
22						●	●	●	●	●	●	●	●
25							●	●	●	●	●	●	●

図7.13　SS400・S45C平鋼ミガキ材市販寸法の一例

✳ アルミニウム材料の標準化

　軽さが必要な場合には、迷わずアルミニウム材料を選択します。A5052やA6063が汎用材で、強さが必要な場合にはA7075が適しています。力による変形が問題になる際には、前述したように断面形状を工夫して断面二次モーメントを高めることで剛性を向上させます。

✳ 摩耗への対応

　部品同士がこすれて摩耗する場合には、使用限界を明らかにして交換部品にします。このとき同じ材料を使うと両方が同時に摩耗していくので、材料の種類を変えることで、摩耗は片側だけに集中させます。これにより交換部品は一種で済み、交換作業も楽になります。

✳ 鉄鋼材料の表面処理の標準化

　鉄鋼材料のさびを防ぐ表面処理は、図面の寸法公差で使いわけます。高い精度が必要ない普通公差のレベルには、「クロメート処理」が安価で一般的です。一方、精度が高い場合には、膜厚が1μmの「黒染め（クロゾメ）」や、「無

電解ニッケルめっき」で3～5 μmの膜厚指定をおこないます。

　防錆の表面処理ができない場合には、SUS304や加工性の良いSUS303、またはアルミニウム材料を選択します。機能めっきとしては、耐摩耗性に優れた「硬質クロムめっき」、すべり性や非粘着性に優れた「ニダックス®」といったフッ素樹脂含浸ニッケルめっきを用います。

✤ アルミニウム材料の表面処理の標準化

　アルミニウムの表面は良性の酸化皮膜で覆われていますが、非常に薄いため環境によっては腐食してしまいます。その際には「アルマイト」処理により酸化皮膜の膜厚を増やします。また硬さを求める場合には「硬質アルマイト」処理が適しています。この硬質アルマイトにフッ素樹脂を複合した皮膜をもった「タフラム®」は、耐摩耗性や摺動性向上、かじり防止に適します。

✤ ねじ寸法の標準化

　ねじのきり穴径や、六角穴付きボルトのねじ頭を埋め込むための深座ぐり加工の寸法も標準化しておくと便利です。参考寸法を**図7.14**に示します。

(単位 mm)

ねじ径	M3	M4	M5	M6	M8	M10
きり穴径	4	5	6	7	10	12
深座ぐり径	6.5	8	9.5	11	15	18
深座ぐり深さ	3.5	4.5	5.5	6.5	8.5	11

図7.14　ねじ加工の寸法標準化

✳ ねじ種類の標準化

第4章でも紹介したねじ種類の標準化の例は、以下のようになります。

①基本は、締め付け力のある「六角穴付きボルト」を使用

②交換部品の固定には、工具不要の「ローレットねじ」などを使用

③カバーには、ねじ頭が低く見栄えの良い「トラス小ねじ」を使用

✳ はめあい公差の標準化

穴とピンのはめあいには「すきまばめ」と「しまりばめ（圧入）」がありま
す。すきまばめは、穴よりピンが細いはめあいで、しまりばめは「圧入（あつ
にゅう）」ともいい、穴よりもピンが太いはめあいです。

マイクロメートル（μm）レベルの公差には、記号で表示する「はめあい公
差」を用います。

すきまばめでよく使われている公差は、穴径「H7」とピン径「g6」です。
また、しまりばめは第2章の平行ピンの固定でも紹介したように、穴径「H7」
とピン径「r6」がお奨めです。プラスチックハンマーや木槌で軽く叩いて打ち
込みます（**図7.15**）。

種　類	穴径公差	軸径公差	概　要
すきまばめ	H7	g6	ほとんどガタがない 精密なはめあい
しまりばめ（圧入）		r6	一般的な圧入公差

穴径公差を統一する

図7.15　はめあい公差の標準化例

ここで、穴径はすきまばめも、しまりばめも、どちらも同じ「H7」である
ことがポイントです。この精密穴はリーマで加工するので、工具のリーマ径で
穴径が決まります。すなわち穴径公差を統一しておけば、使用するリーマは
H7の1種類で済むのです。これに対してピン径公差は、旋盤加工の切込み量

で決まるので、容易に設定できます。こうした理由から穴径を統一した方が得策なのです。

標準寸法の設定方法

製品ごとに毎回治具を設計すると、ロスが大きくなります。そのため製品を収納するパレットなどは、事前に外形寸法を標準化しておくことが有効です。これによりパレットを多段に収納するマガジンも統一できるなど、広く効果が見込めます。

それでは、この外形寸法をどのような方法で決めれば良いのでしょうか。こうした場合にJIS規格の「標準数」を使う手があります（**図7.16**）。

数学用語である「等比数列の公比」を用います。これは「$\sqrt[5]{10} \fallingdotseq 1.60$」や「$\sqrt[10]{10} \fallingdotseq 1.25$」を比にしています。

前者をR5といい、1を基準に1.6を掛けていくと、$(1.60)^1 = 1.60$、$(1.60)^2 \fallingdotseq 2.50$、$(1.60)^3 \fallingdotseq 4.00$、$(1.60)^4 \fallingdotseq 6.30$が標準数になります。

後者はR10といい、1を基準に1.25を掛けます。$(1.25)^1 = 1.25$、$(1.25)^2 \fallingdotseq 1.60$、$(1.25)^3 \fallingdotseq 2.00$、$(1.25)^4 \fallingdotseq 2.50$が標準数になります。

種類	標準数										等比数列の公比
R5	1.00		1.60		2.50		4.00		6.30		$\sqrt[5]{10} \fallingdotseq 1.60$
R10	1.00	1.25	1.60	2.00	2.50	3.15	4.00	5.00	6.30	8.00	$\sqrt[10]{10} \fallingdotseq 1.25$

記）JIS Z 8601、R20とR40は省略

図7.16 JIS規格の標準数

たとえば外形寸法のバリエーションを、R5を使って「100×160 mm」「160×250 mm」「250×400 mm」で標準化したり、もう少し細かく設定したい場合にはR10を使って「100×125 mm」「125×160 mm」「160×200 mm」で標準化します。

おわりに

　治具設計の醍醐味はなんといっても、現場作業者との一体感が得られることです。作業のしやすさを考えたアイデアや、ポカヨケの良し悪しは、作業者からダイレクトに伝わってきます。成果があれば喜びもひとしおですし、ダメ出しを受ければ、次こそは喜んでもらえるように頑張ろうと思います。

　この距離感は治具設計ならでは。機械設計も同じように新たに生み出す喜びがある反面、稼働率や良品率で評価されてしまうクールな面もあるため、治具設計は機械設計とは違ったおもしろさとやりがいがあります。

　現場はアイデアを生み出す宝庫です。現場の悩みを聞き、それに対処する治具を考え、現場に投入してその効果を確認します。キーワードは「楽に作業できること」。100点満点が理想ですが、60点を狙えるならば、ぜひ挑戦してください。皆さんのご活躍をお祈りしています。

　最後になりましたが、編集を担当いただきました天野慶悟氏と土坂裕子氏との編集打ち合わせも楽しい作業でした。心より厚く御礼申し上げます。

令和元年の冬　　　西村 仁

参考文献

「治具・工具・取付具」杉田稔著、日刊工業新聞社1961年

「現場で役立つモノづくりのための治具設計」酒庭秀康著、日刊工業新聞社2006年

索引

INDEX

英数

3S	140
5S	140
A5052	162
A6063	162
A7075	162
QCD	9
S45C	160
SK95	160
SPCC	160
SS400	160
LMガイド	111
Vブロック	49, 131

あ

圧縮コイルばね	117
アルマイト	163
アンギュラ玉軸受	116
安全率	96
イケール	132
イコライザ	48, 76
位置決め	11
一般構造用圧延鋼板	160
一般用メートルねじ	84
異物対策	30, 47
いもねじ	95
インサートねじ	101
浮き防止	74

内段取り	145
エアベント	32
エキセンプレス	119
円筒ころ軸受	115
おねじ	83

か

ガイドボールブッシュ	110
曲尺	123
カムフォロア	112
カムレバー	58
感圧紙	130
簡易位置決め	24
完全自動化	13
キー	72
機械構造用炭素鋼鋼材	160
吸着プレート	79
球面座金	60
教育と訓練	139
切り欠き穴	147
偶然誤差	121
管用ねじ	84
クランクハンドル	57
クランピングスクリュー	63
クランピングボルト	63
クランプ	11, 59
クランプレバー	58
黒染め	162
クロメート処理	162
系統誤差	121
限界栓ゲージ	128
硬質アルマイト	163
硬質クロムめっき	163
校正	121
剛性	150
降伏点	152
固定	11
コレットチャック	70

さ		
	作業標準書	138
	皿小ねじ	91
	三次元測定器	126
	治具化	12
	下穴深さ	99
	シックネスゲージ	129
	市販品	57
	シャコ万力	66
	ジャッキ	59
	初張力	118
	ショックアブソーバ	117
	真空エジェクタ	79
	針状ころ軸受	115
	水平器	133
	すきまゲージ	129
	スケール	122
	スコヤ	131
	ステップクランプ	60
	ストレートピン	31, 38
	スパナ	93
	スプリングワッシャ	104
	スペーサ	35, 146
	スライドパック	110
	スライドブッシュ	110
	スライドレール	110
	スラスト円筒ころ軸受	115
	スラスト玉軸受	115
	スリット加工	70
	生産期間	9
	製造原価	9
	製造品質	9
	静摩擦係数	55
	精密バイス	67
	整理・整頓・清掃	140
	接着剤	71
	セットスクリュー	95
	線膨張係数	121, 154

	専用治具	10
	外段取り	145

た		
	ダイヤピン	38
	ダイヤルゲージ	127
	タッピングねじ	95
	タッピンねじ	95
	縦弾性係数	150
	タフラム	163
	ダブルナット	106
	ダボ	46
	ダルマ穴	148
	炭素工具鋼鋼材	160
	段付きピン	38
	断面二次モーメント	150
	直尺	122
	蝶ボルト	94
	テーパピン	28
	テコ	73
	手作業	12
	テストインジケータ	127
	動作経済の4原則	137
	動摩擦係数	55
	トグルクランプ	62
	止めねじ	95
	トラス小ねじ	91

な		
	長穴	45
	なべ小ねじ	91
	並目ねじ	36, 86
	ニードルベアリング	115
	逃げ加工	30, 47, 68
	ニダックス	163
	抜け穴	32
	ねじ径	85
	ねじ込み深さ	98
	ねじの強度	89

ねじの有効径	86	ボールローラ	109
ねじの有効断面積	86	ポカヨケ	143
ねじの呼び	85	細目ねじ	36, 86
ねじ深さ	99		
熱伝導率	155	**ま** マイクロメータ	124
ノギス	123	マイクロメータスタンド	67
ノブ	57	マイクロメータヘッド	36
		マグネットスタンド	67
は バーリング加工	102	摩擦力	55
バイス	65	増し締め	105
ハイトゲージ	125	マシンバイス	66
ハネクランプ	61	万力	65
ばね座金	104	密度	154
ばね定数	117	無電解ニッケルめっき	162
はめあい公差	33, 156	めねじ	83
早締めナット	101		
パラレルブロック	66, 133	**や** ゆるみ止め剤	105
半自動化	12	ゆるみ止めナット	105
ハンドル	57	横万力	65
汎用治具	10		
ピックテスト	127	**ら** リニアウェイ	111
ピッチ	86	リニアガイド	111
引張りコイルばね	118	リニアブッシュ	110
引張り強さ	152	リニアブッシング	110
標準化	136	リニアベアリング	110
標準数	165	冷間圧延鋼板	160
平座金	103	レベルボルト	119
ピンゲージ	128	ローラフォロア	112
フールプルーフ	143	ローレットねじ	94
フェールセーフ	144	労務費レート	80
深溝玉軸受	115	六角穴付きボルト	92
ブッシュ	109, 113	六角ナット	100
プレスナット	103	六角ボルト	92
ブロックゲージ	129	六角レンチ	93
平行ピン	31	ロックピース	69
ボールスプライン	110		
ボールプランジャ	64		

●著者紹介

西村　仁（にしむら　ひとし）

ジン・コンサルティング代表 ／ 生産技術コンサルタント

立命館大学大学院 経営管理研究科（ビジネススクール）非常勤講師

http://www.jin-consult.com

●略歴

1962年生まれ 神戸市出身

1985年 立命館大学 理工学部機械工学科卒

2006年 立命館大学大学院 経営学研究科修士課程修了

株式会社村田製作所の生産技術部門で21年間、電子部品組立装置や測定装置等の新規設備開発を担当し、村田製作所グループ全社への導入設備多数。工程設計、工程改善、社内技能講師にも従事。特許多数保有。

2007年に独立し、製造業およびサービス業での現場改善による生産性向上支援、及び技術セミナー講師として教育支援をおこなう。

経済産業省プロジェクトメンバー、中小企業庁評価委員等歴任。

●著書

『図面の読み方がやさしくわかる本』日本図書館協会選定図書

『図面の描き方がやさしくわかる本』

『加工材料の知識がやさしくわかる本』

『機械加工の知識がやさしくわかる本』

『機械設計の知識がやさしくわかる本』以上、日本能率協会マネジメントセンター

『基本からよくわかる品質管理と品質改善のしくみ』日本実業出版社

『はじめての現場改善』日刊工業新聞社

『1冊で学ぶ材料・加工・図面の初歩』日経BP

はじめての治具設計

NDC532.69

2019年12月26日　初版1刷発行
2025年3月14日　初版16刷発行

定価はカバーに表示されております。

Ⓒ著　者　　西　村　　　仁
　発行者　　井　水　治　博
　発行所　　日刊工業新聞社

〒103-8548　東京都中央区日本橋小網町14-1
電話　書籍編集部　　03-5644-7490
　　　販売・管理部　03-5644-7403
　　　FAX　　　　　03-5644-7400
振替口座　00190-2-186076
URL　https://pub.nikkan.co.jp/
e-mail　info_shuppan@nikkan.tech
印刷・製本　新日本印刷株式会社

落丁・乱丁本はお取り替えいたします。　　　2019　Printed in Japan
ISBN 978-4-526-08021-0　C 3053

本書の無断複写は、著作権法上の例外を除き、禁じられています。

● 現場ですぐに役立つ好評書籍 ●

はじめての現場改善

西村 仁 著　定価（2,200円＋税）
ISBN 978-4-526-08169-9

〈第1章〉モノづくりに必要な強み　　〈第5章〉ムダの削減
〈第2章〉製造品質　　　　　　　　　〈第6章〉3Sと段取り改善
〈第3章〉製造原価と効率　　　　　　〈第7章〉在庫管理と設備管理
〈第4章〉生産期間と生産能力と生産方式　〈第8章〉現場改善を進めるコツ

　モノづくりの現場は、余分な在庫を持つ、作業者の待ち時間が増える、必要のない加工や手順がある、といった「ムダ」が多くあります。ムダがあると余計な時間やコストが必要となり、生産性の悪化につながります。こうしたムダを「現場改善」によってなくしていきます。

　しかし、このような問題に対して、何から手を付ければよいのかわからないことも少なくないと思います。また、改善によって変えた内容をどのように維持していけばよいのかに困ることもあるでしょう。

　本書は、はじめて現場改善を行う方や、改善活動を始めてみたもののうまくいかないという悩みがある方に向けた書籍です。この一冊で、現場改善の基本から実践までがすべてわかる、"はじめての"人に向けた現場改善書籍の決定版です。